U0485815

浪花朵朵

未来建筑家

你好，房屋

[法] 迪迪埃·科尔尼耶 著

张璐 卜易 译

上海人民美术出版社

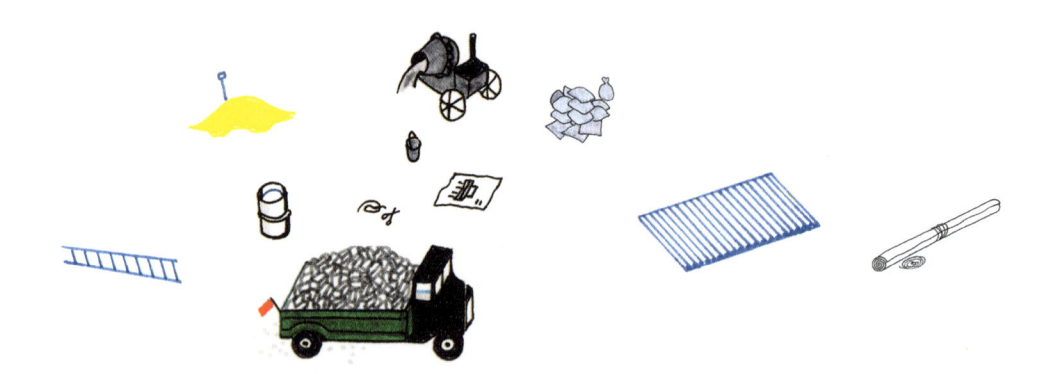

引 言

建筑，听起来好复杂！不过别担心，它会比你想象的更有意思。这本书将用最简单易懂的方式向你介绍10座有趣的房屋，它们全都出自伟大的现代建筑师之手。

现在，让我们一起跟随本书去这些房子转转，看看它们是怎样拔地而起的。你会发现，它们中的每一座都创造了一种新的建筑样式。

等你翻到这本书的最后一页，现代房屋建筑对你来说就没有秘密啦！说不定你也会梦想着设计一栋独一无二的漂亮房子呢。

目 录

1924 施罗德住宅　一切皆可动···1
格里特·里特维尔德

1931 萨伏伊别墅　现代房屋经典···7
勒·柯布西耶

1939 流水别墅　拥抱自然···17
弗兰克·劳埃德·赖特

1949 伊姆斯住宅　五彩缤纷，天马行空···25
查尔斯·伊姆斯＆蕾·伊姆斯

1951 范斯沃斯住宅　极简房屋···33
密斯·凡·德·罗

1956 美好未来预制房　人人都能住得起的房子 · · · 39
让·普鲁维

1978 圣莫尼卡盖里住宅　从小房子到大别墅 · · · 47
弗兰克·盖里

1995 纸管屋　让平凡的材料变得非凡 · · · 53
坂茂

1998 波尔多住宅　以电梯为中心的房子 · · · 61
雷姆·库哈斯

2002 斯特沃恰街环保住宅　稻草建成的房屋 · · · 69
萨拉·维戈拉斯沃斯 & 杰里米·提尔

1924 施罗德住宅

一切皆可动

格里特·里特维尔德

荷兰 乌得勒支

这是本书中年纪最大的现代房屋，1924年由建筑师格里特·里特维尔德建于荷兰的乌得勒支。

格里特·里特维尔德出生于1888年，他先是学了建筑，然后做了一名打造家具的木匠。他曾经用简单的彩色木板造了一把造型奇异的椅子：红蓝椅（1918年）。

当时，荷兰的风格派运动中涌现了一批艺术家，他们的画作很抽象，仅仅由横线和竖线构成，涂着红、黄、蓝这三种颜色，也就是三原色。鼎鼎有名的大画家彼埃·蒙德里安就是其中的代表人物。这些艺术家也深深地影响和启发了里特维尔德。

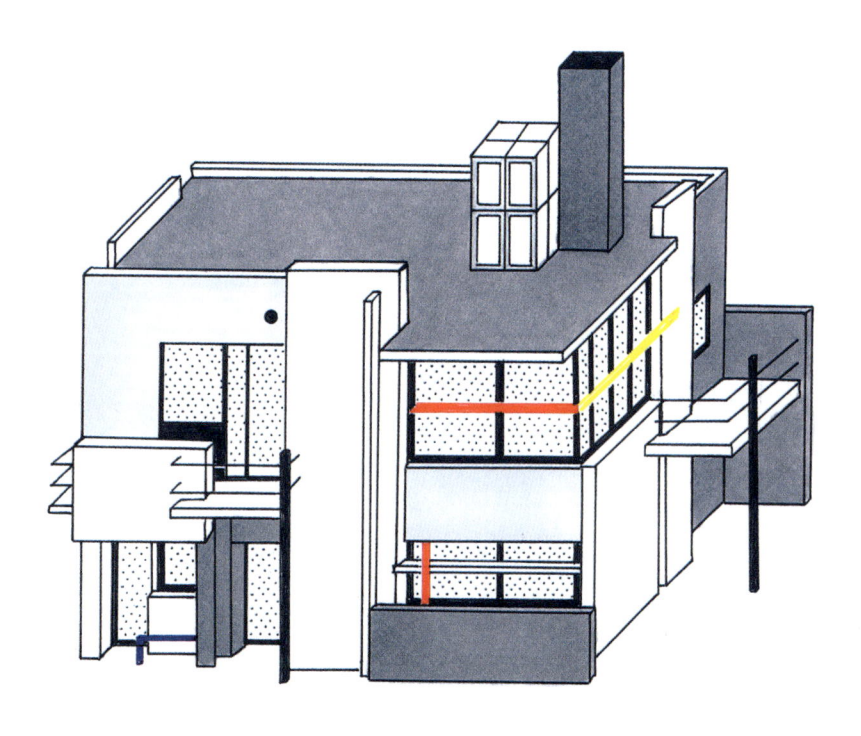

那时，在荷兰有一位施罗德夫人，丈夫去世之后，她希望带着一子二女搬离旧屋，开启一段新生活。她对先锋派建筑非常着迷，因此想要一座没有墙壁的敞亮房子。

如果我们仔细观察这座10米宽的小小建筑，就会发现墙壁与墙壁都是错开的，看起来每一堵墙都独立存在，好像飘浮在空中一样。

为了使房屋的构造更贴合自己居住的需求,施罗德夫人也参与到设计中,和里特维尔德合作设计了一座适合全家人生活的房屋。为了眺望优美的风景,家里人大多数时间住在二楼。白天,二楼就是一整个沐浴在阳光中的大房间,又通透,又明亮。

到了晚上，拉上隔板，房间又可以分隔成各自独立的卧室。

1931 萨伏伊别墅

现代房屋经典

勒·柯布西耶

法国 普瓦西

夏尔－爱德华·让纳雷（1887—1965）出生于瑞士，1920年改名为勒·柯布西耶。他是一位具有多重身份的大师——既是画家，又是建筑师，还是一位赫赫有名的城市规划师。在巴黎工作的时候，他曾在佩雷兄弟手下做过一阵子绘图员——佩雷兄弟可是用钢筋混凝土建造房子的先驱人物。

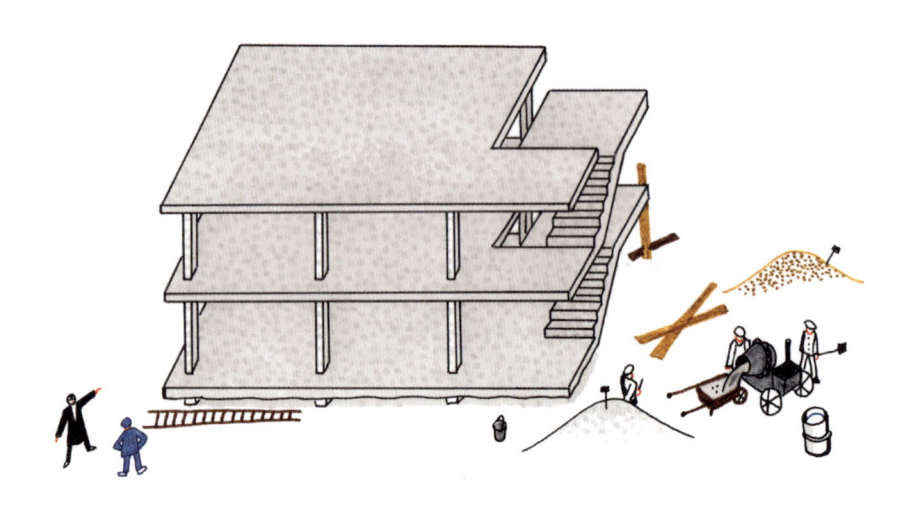

第一次世界大战期间，勒·柯布西耶发明了一套采用钢筋混凝土结构的房屋建造体系，他将其称为"多米诺结构体系"。

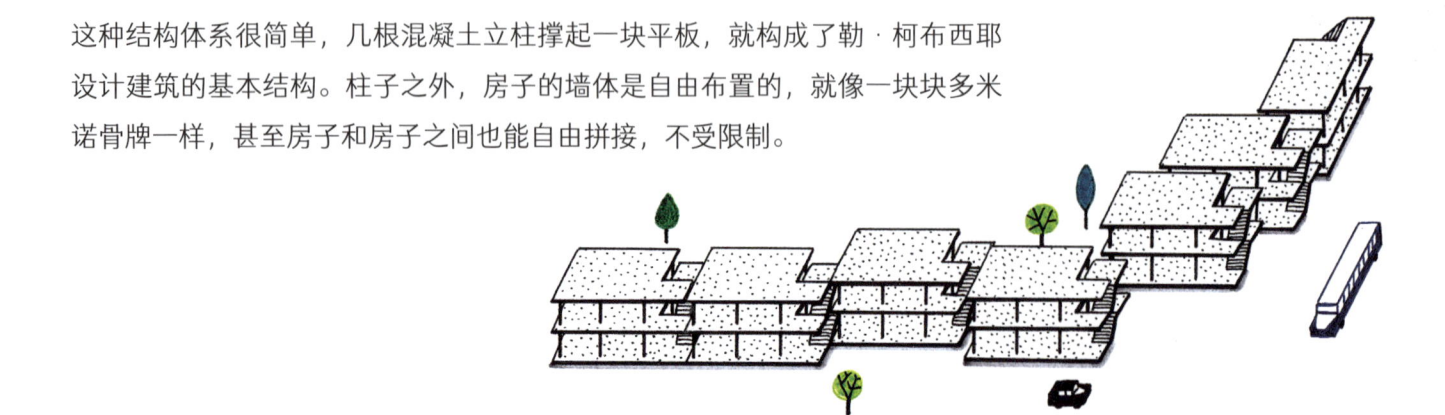

这种结构体系很简单，几根混凝土立柱撑起一块平板，就构成了勒·柯布西耶设计建筑的基本结构。柱子之外，房子的墙体是自由布置的，就像一块块多米诺骨牌一样，甚至房子和房子之间也能自由拼接，不受限制。

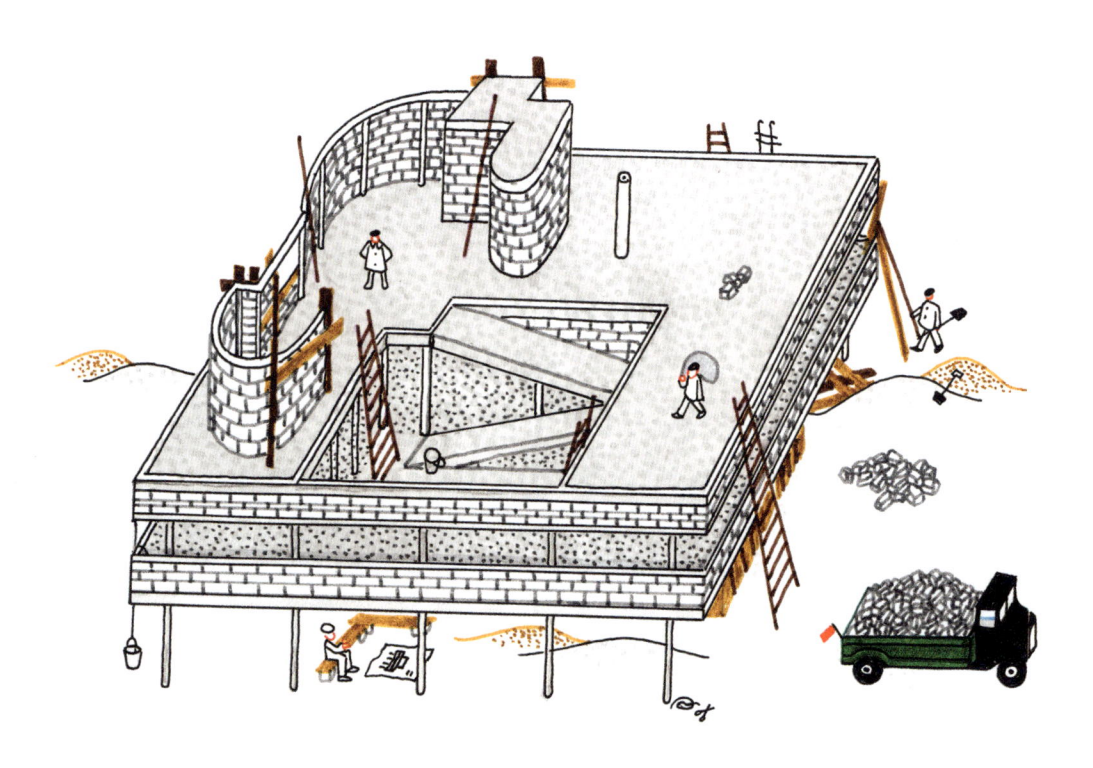

1928—1931年，勒·柯布西耶在巴黎近郊的普瓦西利用这种方法建造了萨伏伊别墅。这是一座三层高的"正方形"房子，屋顶的边长约为20米。

这座别墅体现了真正的新式建筑所具备的5个要素：

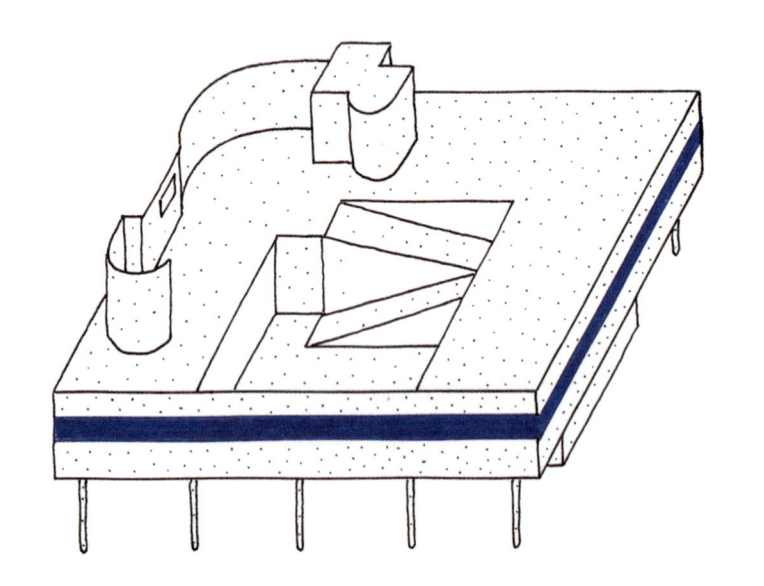

1. 底层架空柱：这些柱子牢牢支撑着房子。勒·柯布西耶曾这样形容道："房子是悬在空中的盒子。"

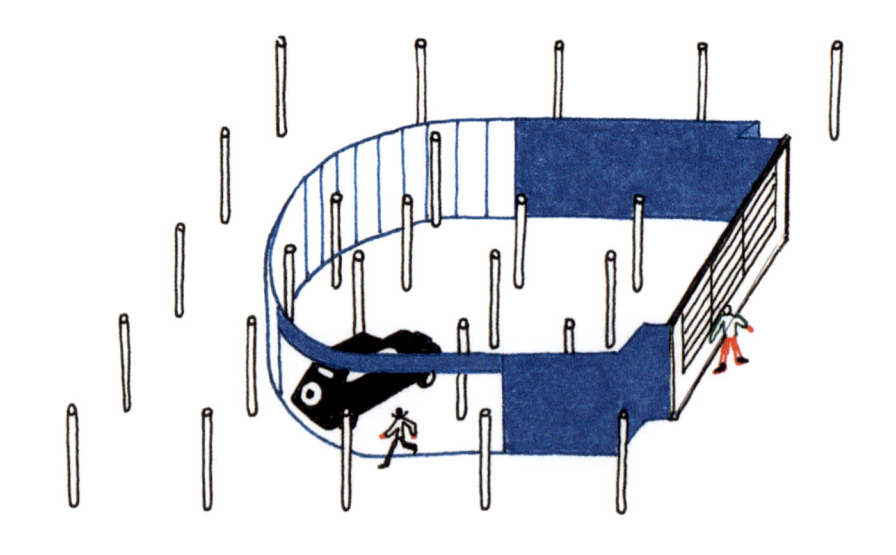

2. 自由空间：房屋只有隔墙，没有承重墙。比如图中的弧形隔墙，就是用来引导汽车停进车位的。

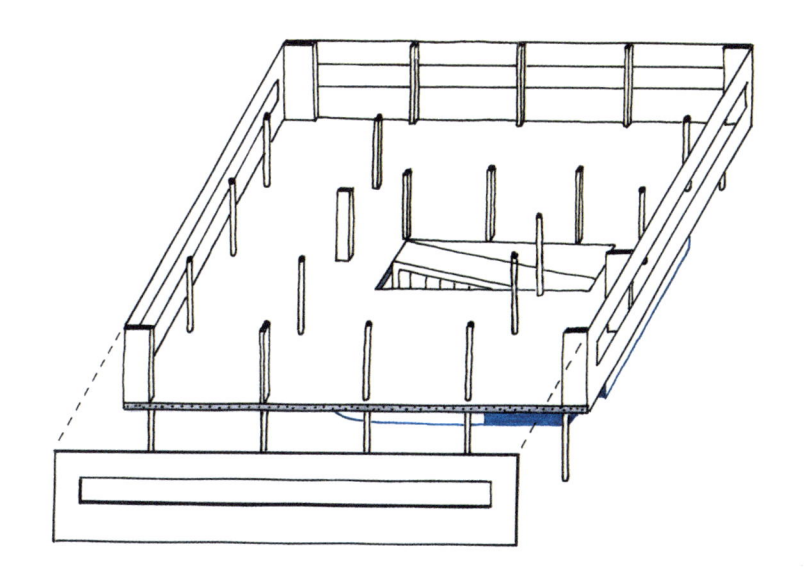

3. 自由立面：外墙好像一层膜一样，又薄又轻巧。

4. 横向的大窗户：站在窗边眺望，四周皆是如画的风景。

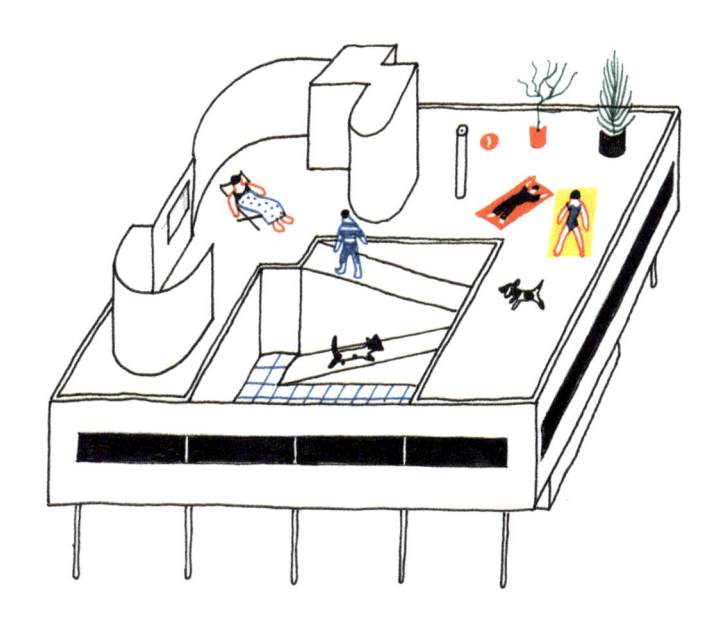

5. 屋顶花园：一个能让人在阳光下休息、玩耍的露台，就像一艘豪华客轮的甲板一样！

勒·柯布西耶还设计修建了这些漂亮的建筑……

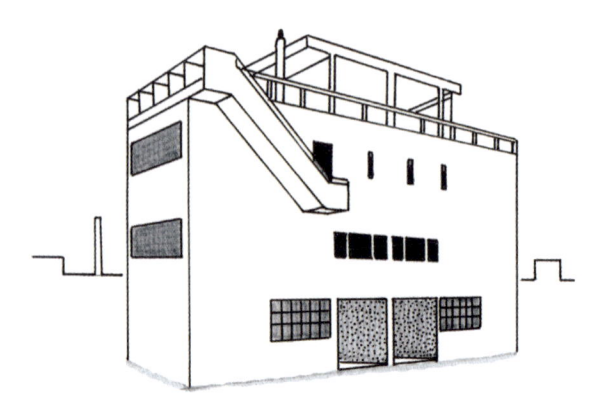

弗吕日现代居住区，法国佩萨克，1925年

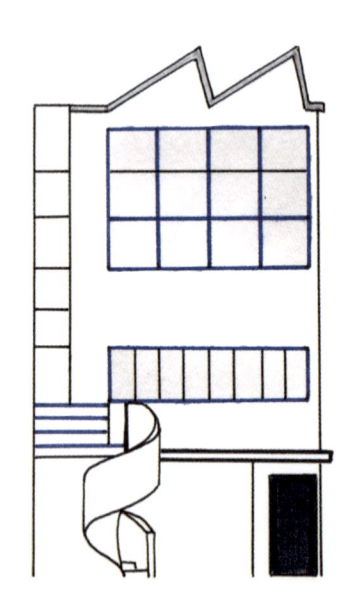

画家阿梅德·奥占芳住宅，法国巴黎，1922年（柯布西耶与皮埃尔·让纳雷共同设计）

新精神馆，法国巴黎，1925年

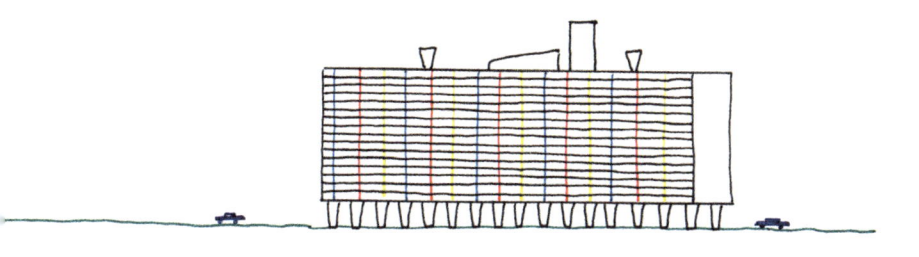

马赛公寓，法国马赛，1952 年

朗香教堂，法国朗香，1955年

海蒂·韦伯博物馆，瑞士苏黎世，1963—1967 年

当然还有位于法国南部海边马丁角上的勒·柯布西耶小屋，他本人最喜欢在那里休息放松，惬意地度过一段美好时光。

1939 流水别墅

拥抱自然

弗兰克·劳埃德·赖特

美国 米尔润

1867年,弗兰克·劳埃德·赖特出生于美国中部的威斯康星州。赖特的童年假期都是在舅舅的农场度过的,在那里,他领略了美国广袤平原的迷人风光,也深深地爱上了大自然。

作为建筑师,赖特一直在思考,什么样的房子能够更好地适应美国的气候,并且和美国壮丽粗犷的自然风光融为一体。

比如建于1909年的罗比住宅,它形状狭长,大大的屋顶投下了一片清凉的阴影。

同样建于1909年的劳拉·盖尔别墅,有宽敞的阳台环绕,周围的美景尽收眼底。

考夫曼夫妇在美国匹兹堡经营着一家大百货商店,他们的儿子曾为赖特工作过一段时间。由此,考夫曼一家结识了赖特,并请他建一座周末休闲别墅;于是,就有了闻名于世的流水别墅。

考夫曼夫妇本想把这座房子建在森林深处一帘绝美的瀑布前，赖特却打算直接大胆地把房子建在瀑布上方。一段流水潺潺的诗意生活就这样开始了。

在岩石嶙峋的地基上，赖特竖起高高的石墙，用钢筋混凝土建成一个"挑出来"的宽阔观景露台，露台下方就是淙淙瀑布。

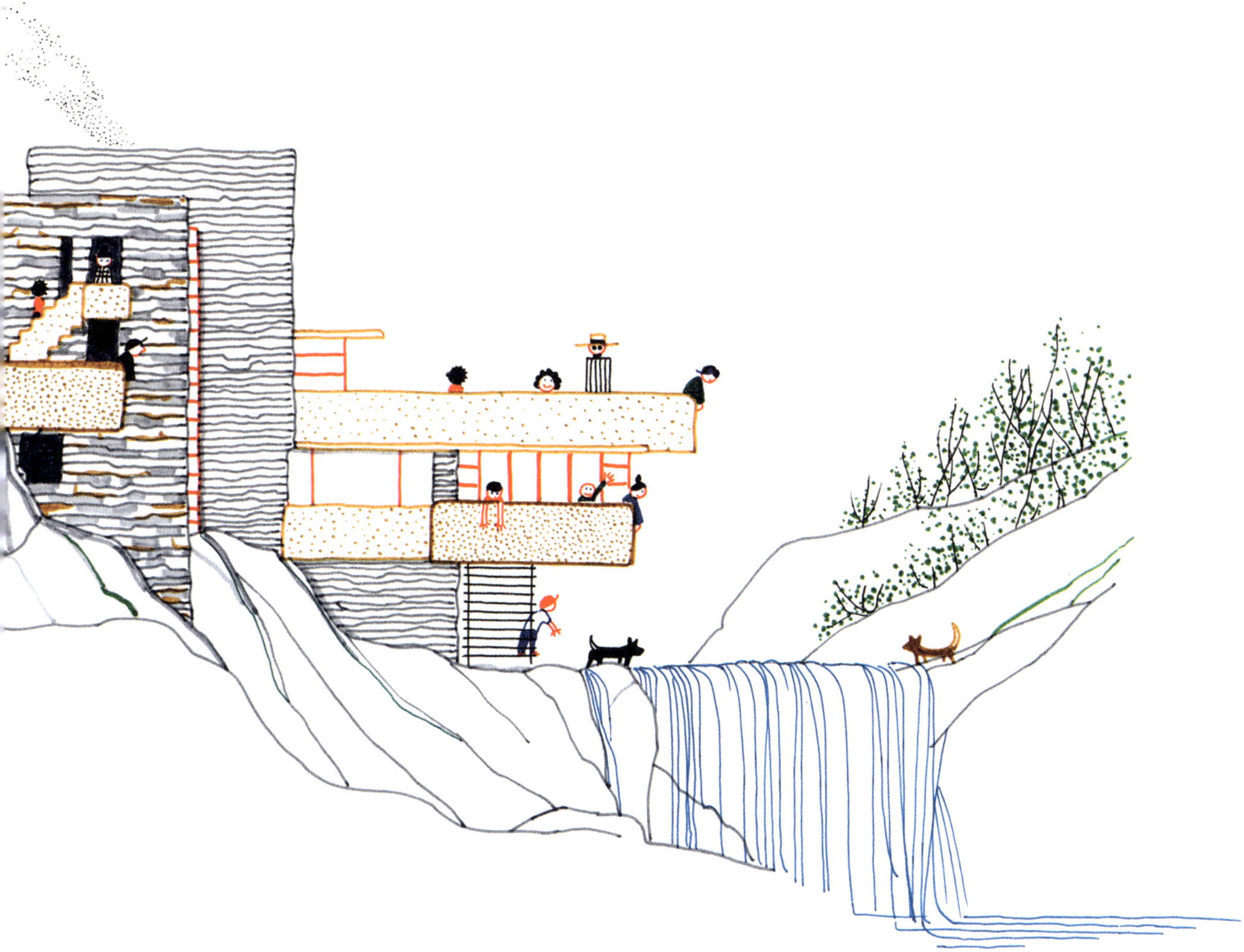

房间内部，仿佛一个浑然天成的山洞。客厅的地面铺满了石砖，火苗在壁炉里劈啪作响，一块自然突起的岩石正好构成壁炉的底部。这座远离城市喧嚣的房子，让人的心灵获得了真正的宁静，舒服极了。

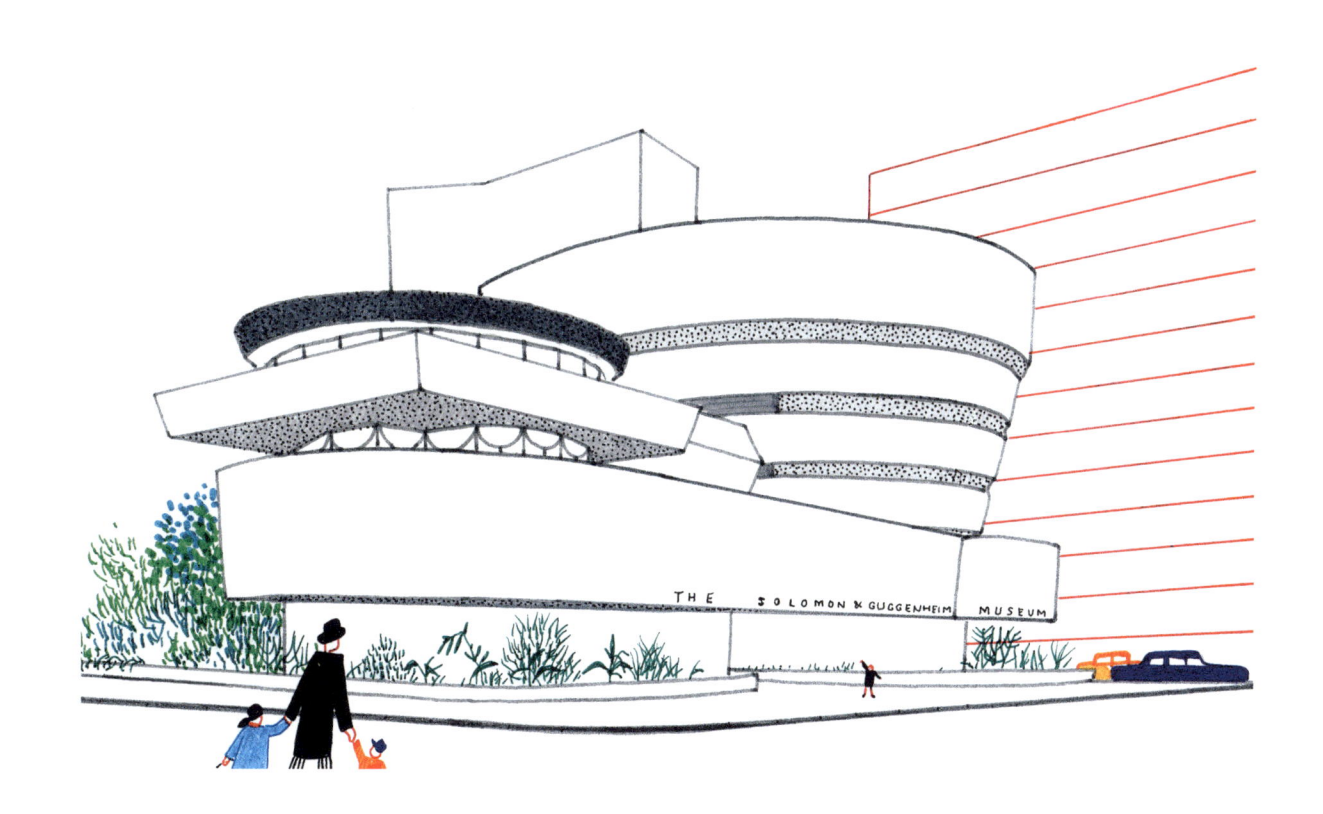

这之后，赖特不仅建造了许多其他房屋，还修建了位于美国纽约的古根海姆博物馆（1959）。

1949 伊姆斯住宅

五彩缤纷，天马行空

查尔斯·伊姆斯&蕾·伊姆斯

美国 洛杉矶

查尔斯与蕾这对美国设计师夫妇希望把舒适的家居生活方式带到地球每个角落。第二次世界大战期间，他们参与了很多工业设计，并成功地为伤员设计了胶合板制的夹板和担架。

战后，凭借在工业制造方面积累的经验，伊姆斯夫妇尝试了许多新材料，创造了不少新型家具，比如这把怪怪的玻璃纤维椅子。

云朵椅，1948年

还有这把超极舒服的扶手椅。

伊姆斯休闲椅，1956年

他们还给孙辈设计了一些充满童趣的玩具。

小象椅，1945年

纸牌屋，1952年

1945年，伊姆斯夫妇开启了一项新计划，要以标准材料建设房屋，于是他们自己的住宅就成了实验模型——他们的家位于美国加利福尼亚州，靠近洛杉矶。

首先，他们建了一个仓库一样的框架，长18米，宽6米。他们建房子的过程像搭玩具屋那样，只不过用的不是积木，而是钢铁，远远望去，仿佛"巨型猛犸象的骨架"。

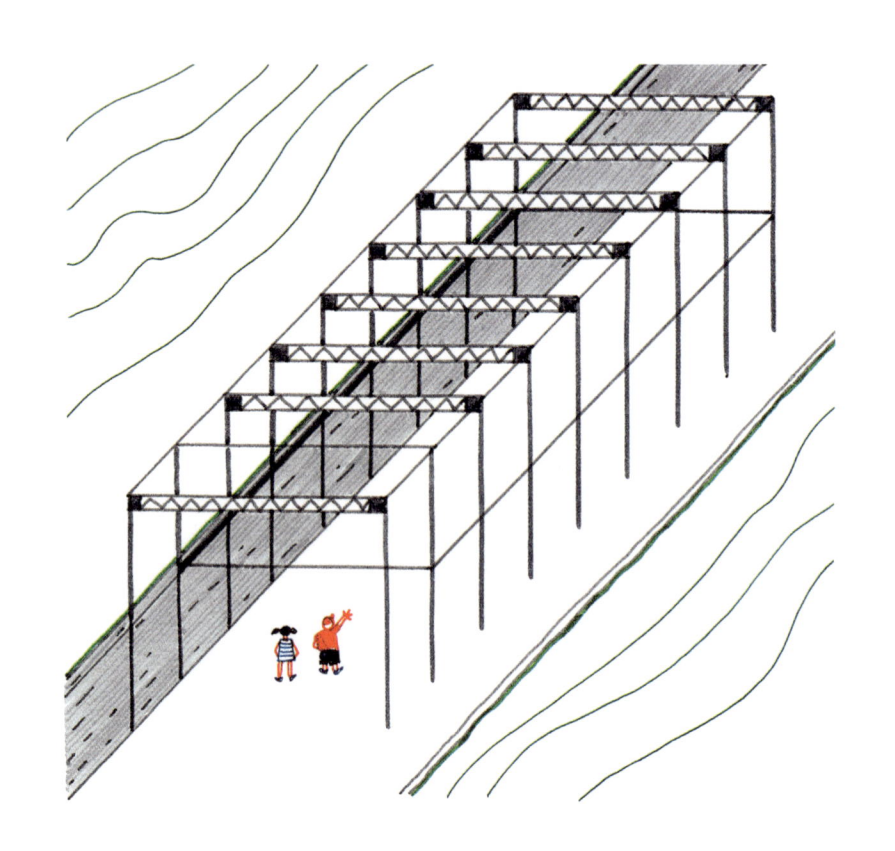

但这个空间看上去一点都不沉闷：钢铁的框架结构上铺满了五颜六色的镶板，窗户也朝四面八方开着。房子显得明快极了！

从外面看，房子与风景仿佛融为了一体。

房子的内部空间同样令人赞叹不已。屋子里到处点缀着绿意盎然的植物,还摆满了从世界各地收集来的珍奇装饰品!

1951 范斯沃斯住宅

极简房屋

密斯·凡·德·罗

美国 普莱诺

密斯·凡·德·罗（1886—1969）出生于德国，小时候曾经跟着父亲做过石匠，因此十分了解建筑材料。长大以后，他成了一名建筑师，并在德国著名的设计学府包豪斯学院担任院长。

二战前夕，密斯前往美国，在那里修建了许多住宅和大楼。金属和玻璃是他最喜欢的材料，帮助他实现了所有大胆的设计，包括范斯沃斯住宅。

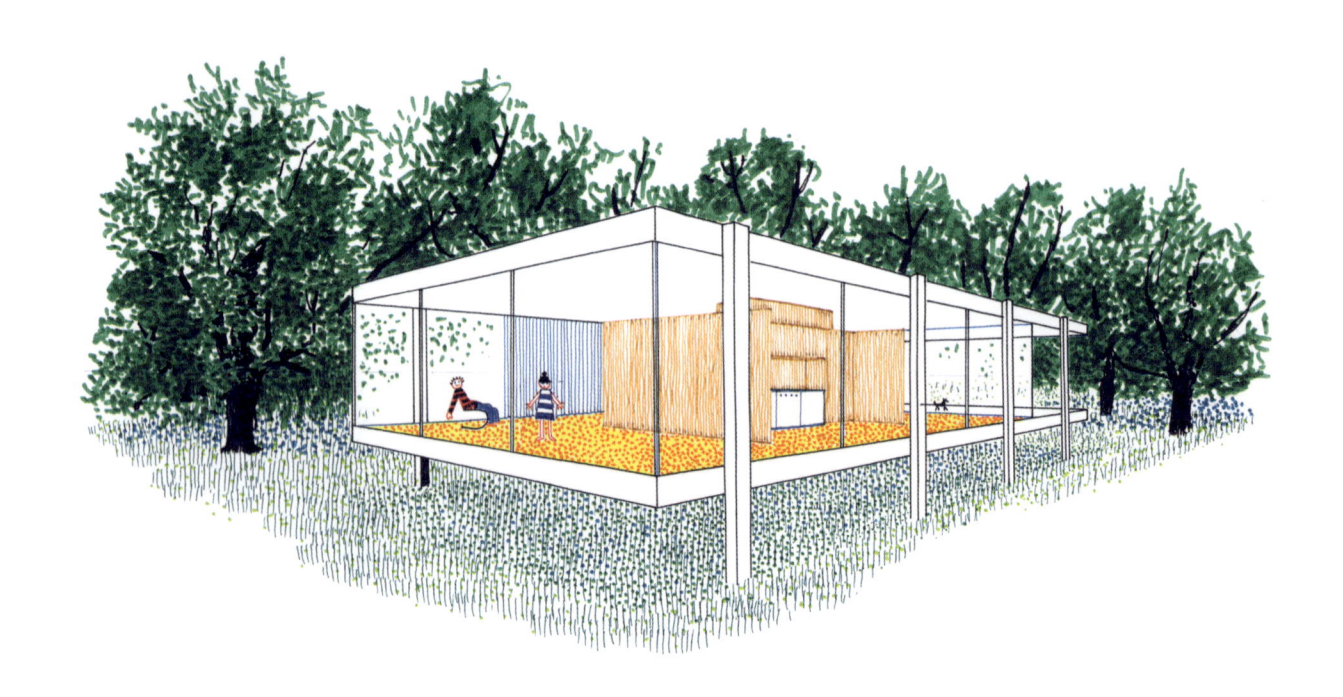

这栋房子位于伊利诺伊州普莱诺，在芝加哥附近。

这里的地势比较低，容易遭受洪涝灾害，所以得把房子架起来。密斯用8根钢铁支柱巧妙地把房子抬起来，仿佛桥墩支起了桥身，这样就算下大雨也不用害怕了。

这座长方体房子长33米，宽12米，还有个小露台。为了美观，所有部件都被漆成了简洁明朗的白色。

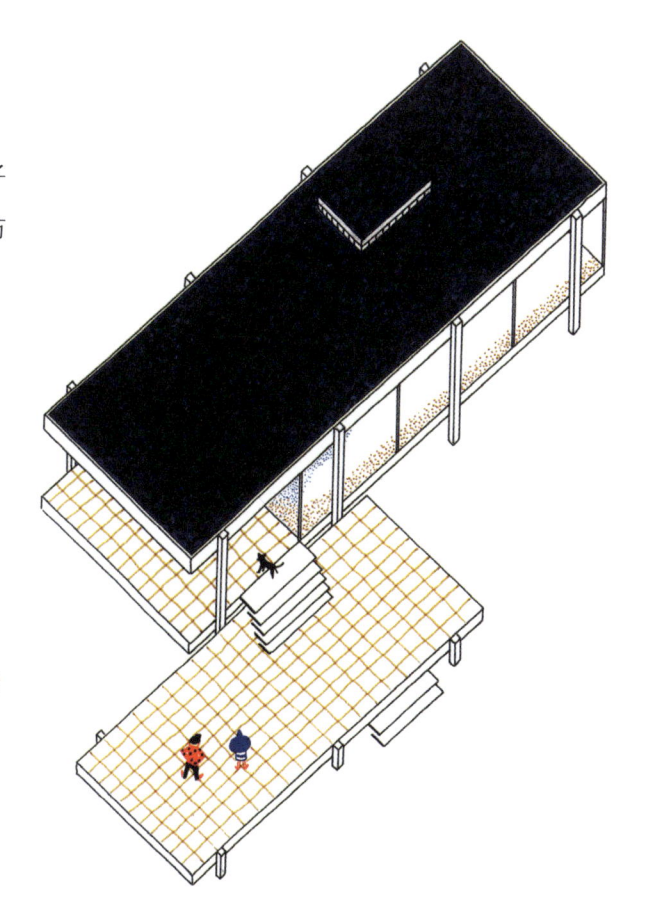

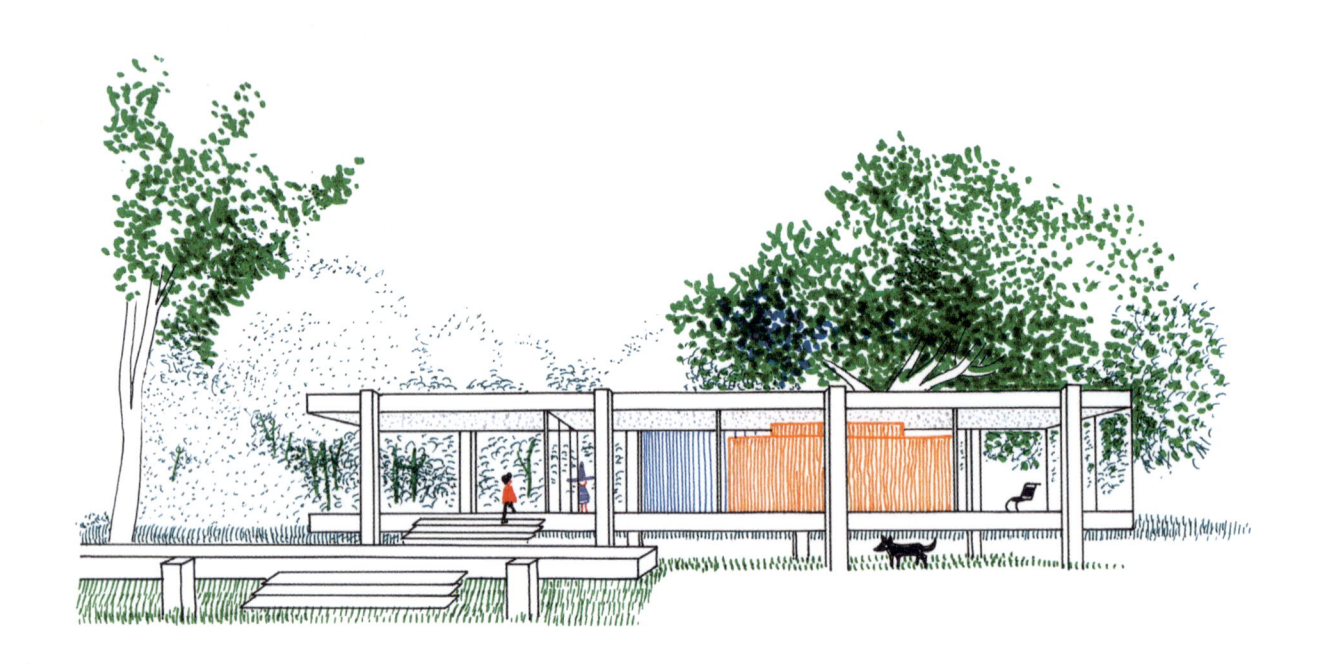

房子里面，只有几块隔板把空间分隔开。这样一来，人们就能自由自在地走来走去，全方位欣赏周围的景致了。当然，要是不想被外界打扰，也很简单，只要拉上大大的窗帘就能独享私人的空间啦。

密斯还用钢铁和玻璃造了许多大楼。他的
作品纯净又优雅，纽约的西格拉姆大厦
（1958）就是最好的例子。

1956 美好未来预制房

人人都能住得起的房子

让·普鲁维

法国 巴黎

1901 年，让·普鲁维出生于法国南锡，他的父母都是艺术家。在成为建筑师之前，他曾经做过铁匠。普鲁维研究过各种金属材料，终于发现了一种易于弯折的薄金属板材，它既轻便又结实。

标准单椅，1934年

圆规桌，1950年

在工厂里，普鲁维不仅用金属板制作学校的课桌椅，甚至还用它们来造房子。

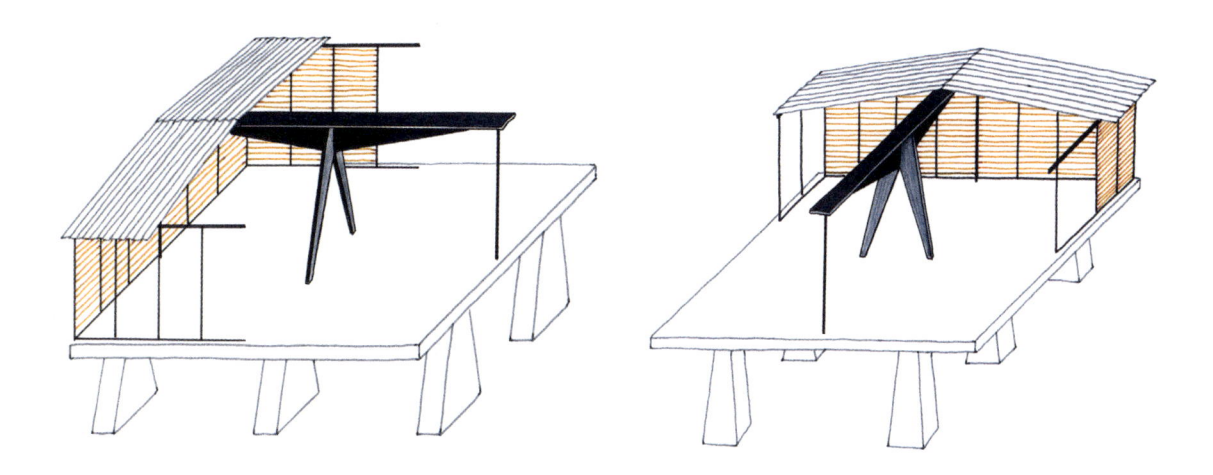

门式梁房屋，马克塞维尔工厂，1945年

房屋部件在工厂造好之后，再运到工地上组装。

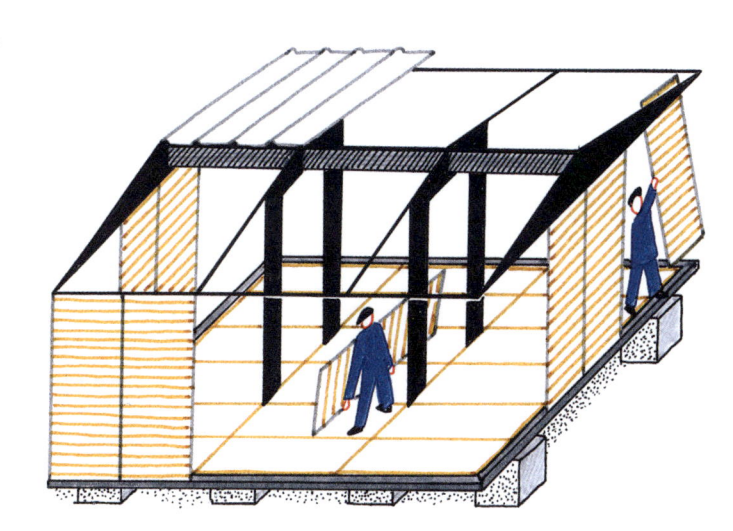

1954年的那个冬天冷得出奇，修道院的皮埃尔院长向全法国呼吁，请大家帮帮无家可归的人，为他们提供避寒之所。随后他便找到了普鲁维，请他构思一座人人都负担得起的预制装配式房屋。

根据普鲁维的设计，房子的中央有一大块金属部件，它不仅集合了厨房和浴室的功能，还承担着支撑屋顶的大任。

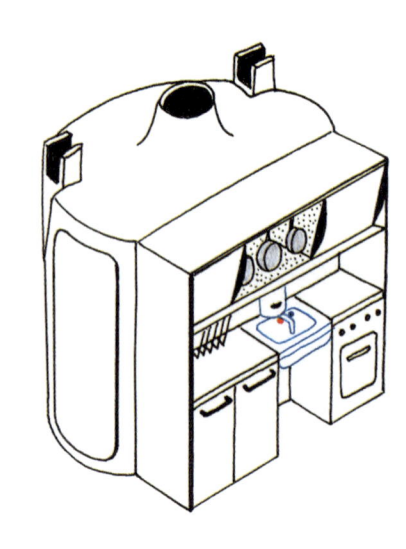

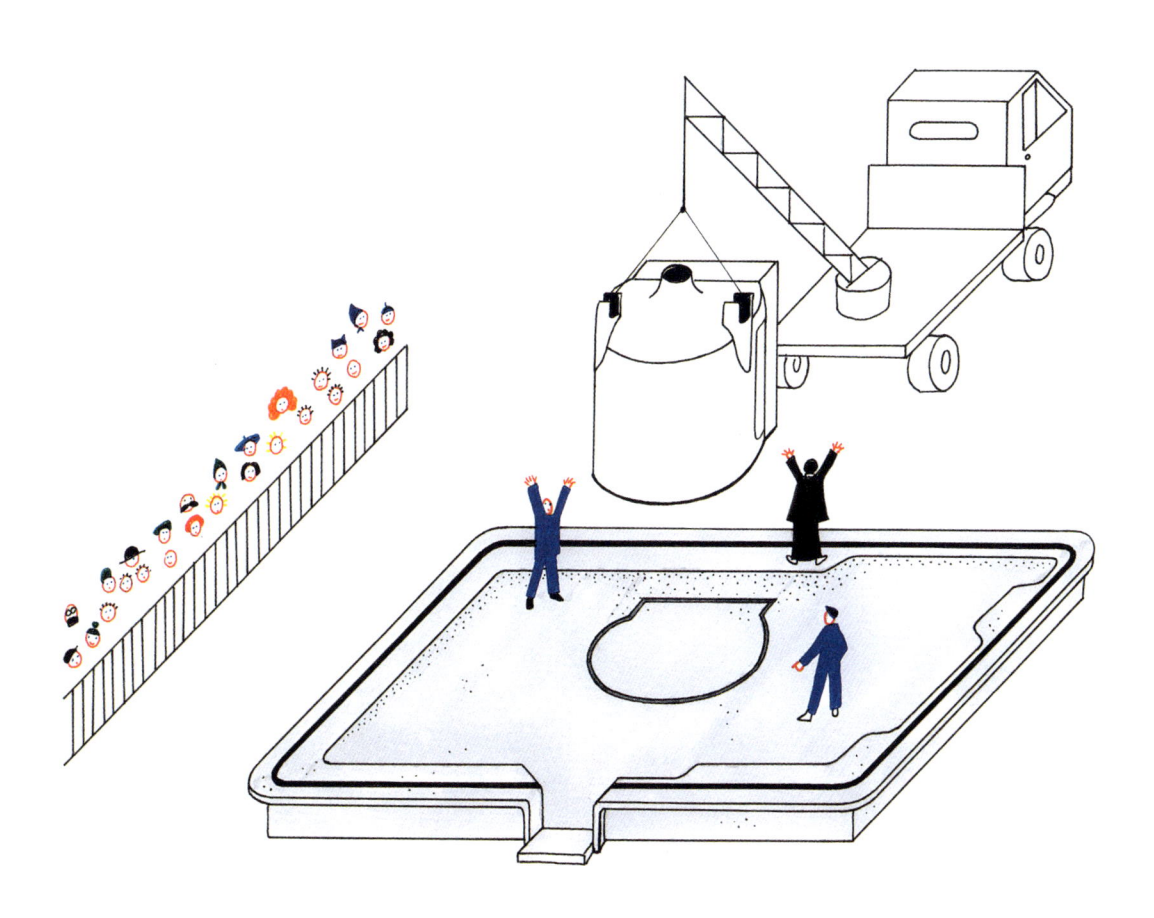

房屋主体结构的组装在巴黎街头公开进行，只需要两个工人就能完成。

首先，放置好长8.5米、宽6.7米的混凝土底座，然后把之前提到的金属部件安放在底座中间。

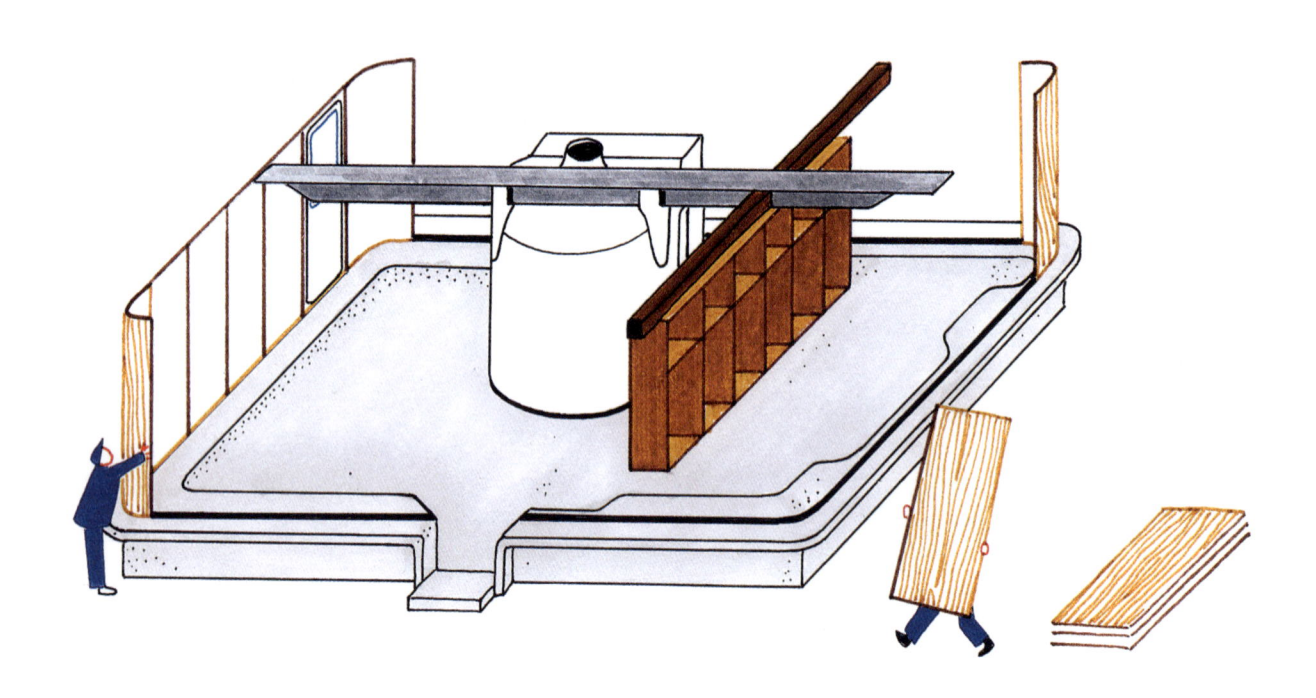

接着，工人在金属部件上架好钢制的横梁，竖起墙壁，最后铺上屋顶。

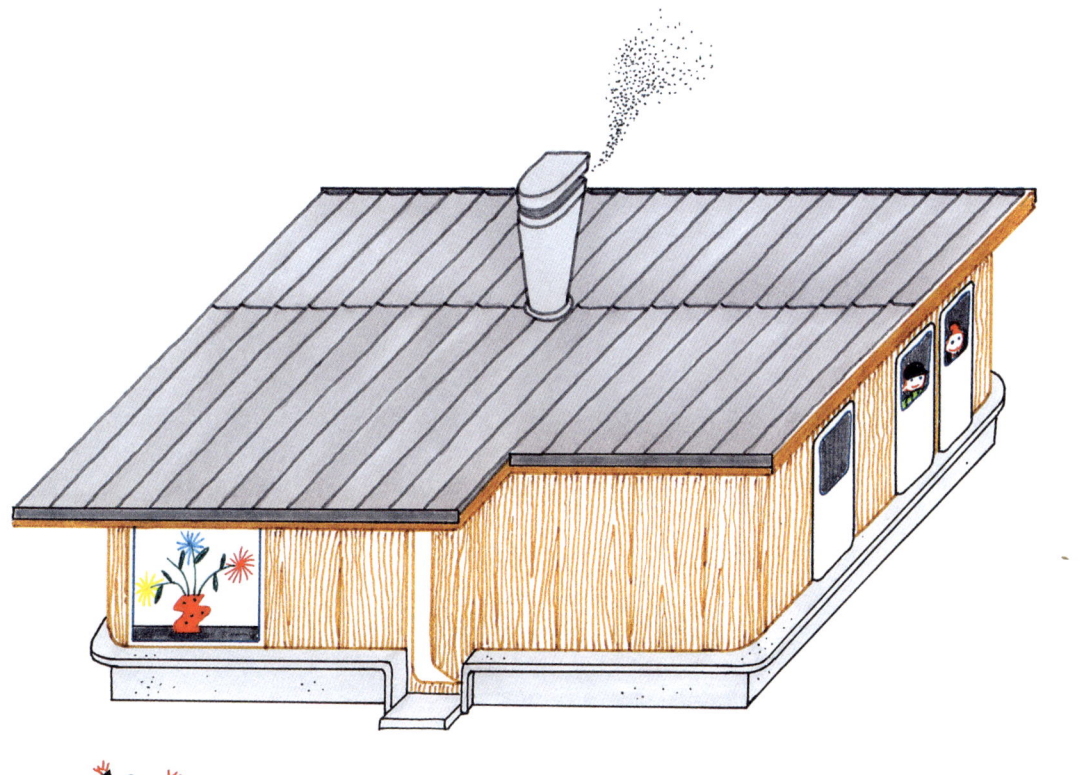

不过短短两天，一座简易小屋就建起来了，这样的房子能住下一个四口之家。

可惜的是，这种房子最后没能量产。

1978 圣莫尼卡盖里住宅

从小房子到大别墅

弗兰克·盖里

美国 洛杉矶

弗兰克·盖里出生于1929年。这位加拿大建筑师曾在欧洲旅行过多次，并在那里结识了许多艺术家。和他们一样，盖里热爱自由的表达。

1977年，盖里在洛杉矶郊区买下了一座小木屋，房子长12米，宽10米。但对盖里一家来说，这座屋子实在太小了，亟须想办法扩大面积。盖里决定保留房子的主体，在外侧围上一圈新的围墙，这样就有地方建厨房和餐厅了。他增建时用到的都是些普通材料，比如波纹金属板、胶合板和铁丝网。

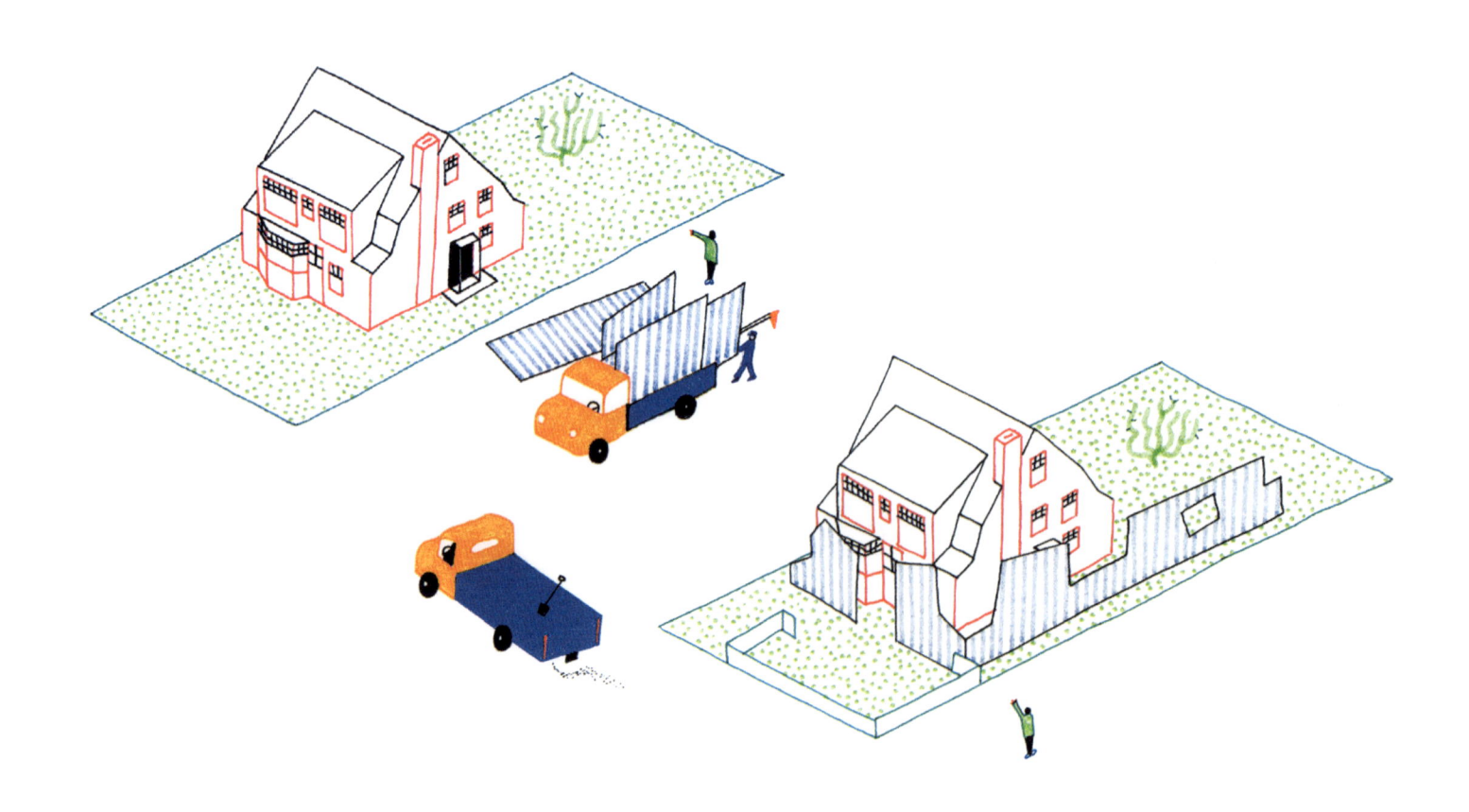

接着，盖里想象着，有许多个大玻璃方块从天而降，接二连三地掉落在房子上，落下来的方块仍然能稳稳地保持着平衡。

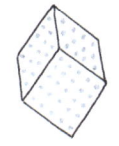

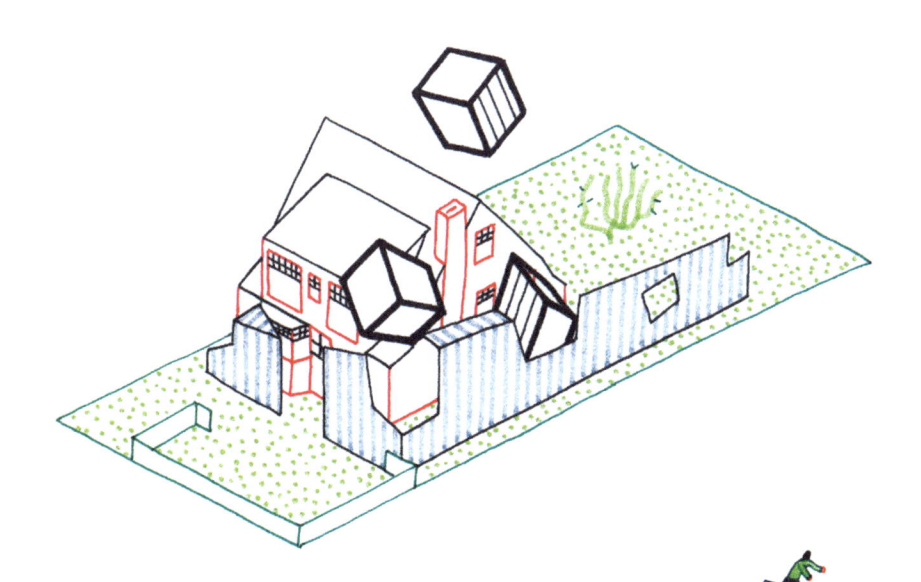

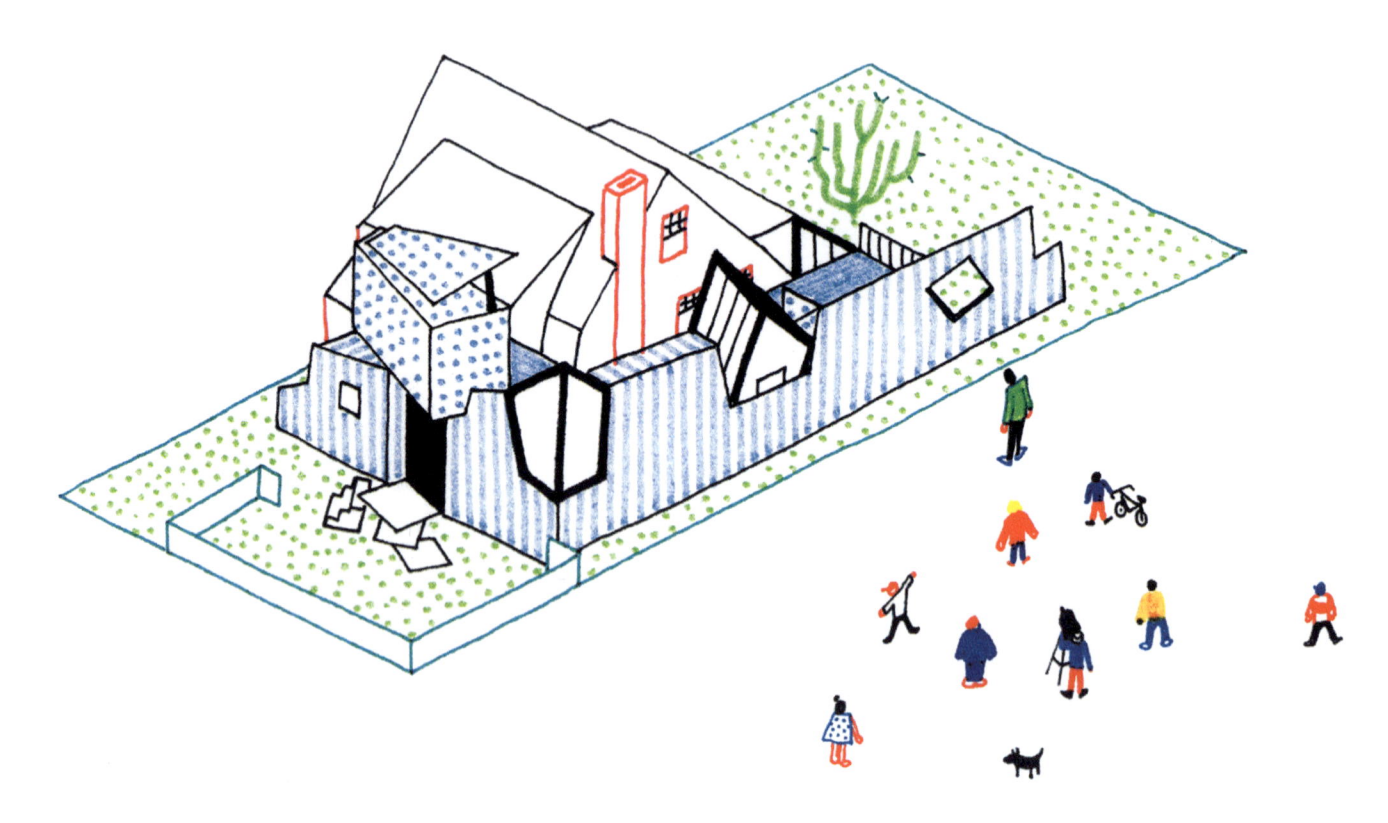

这果然是个绝妙的创意，房子的体积因为这三个大方块翻了一番。阳光透过其中两个玻璃方块，给一楼提供了自然照明；第三个玻璃方块则被当作了楼上的卧室。这座房子看上去像被拆散架了似的，吸引了许多好奇的人前来参观。

维特拉设计博物馆，德国莱茵河畔魏尔，1989年

跳舞的房子，捷克布拉格，1996年

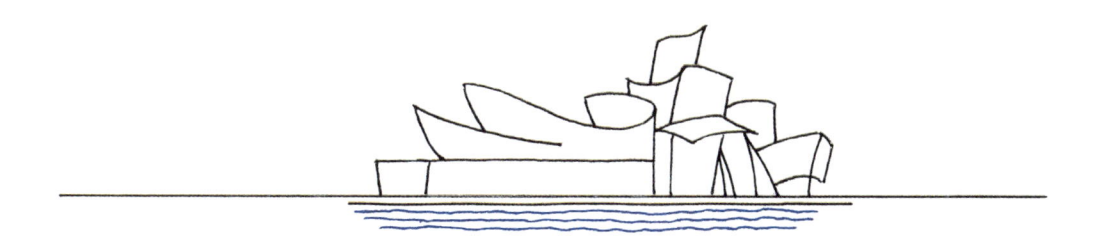

这之后，盖里于1997年在西班牙建造了毕尔巴鄂古根海姆博物馆，以及更多造型千奇百怪的博物馆。

1995 纸管屋

让平凡的材料变得非凡

坂茂

日本 神户

因为日本多地震，所以传统的日本房屋是用木头和纸拉门建成的。这样一来，如果遇上地震，灾后的房屋重建工作就会轻松很多。1995年神户大地震后，建筑师坂茂就是用纸这种轻便又易得的材料为灾民建造了临时住所。

这些房子主要以硬纸管和其他回收材料构成。纸屋的搭建工作由志愿者完成。

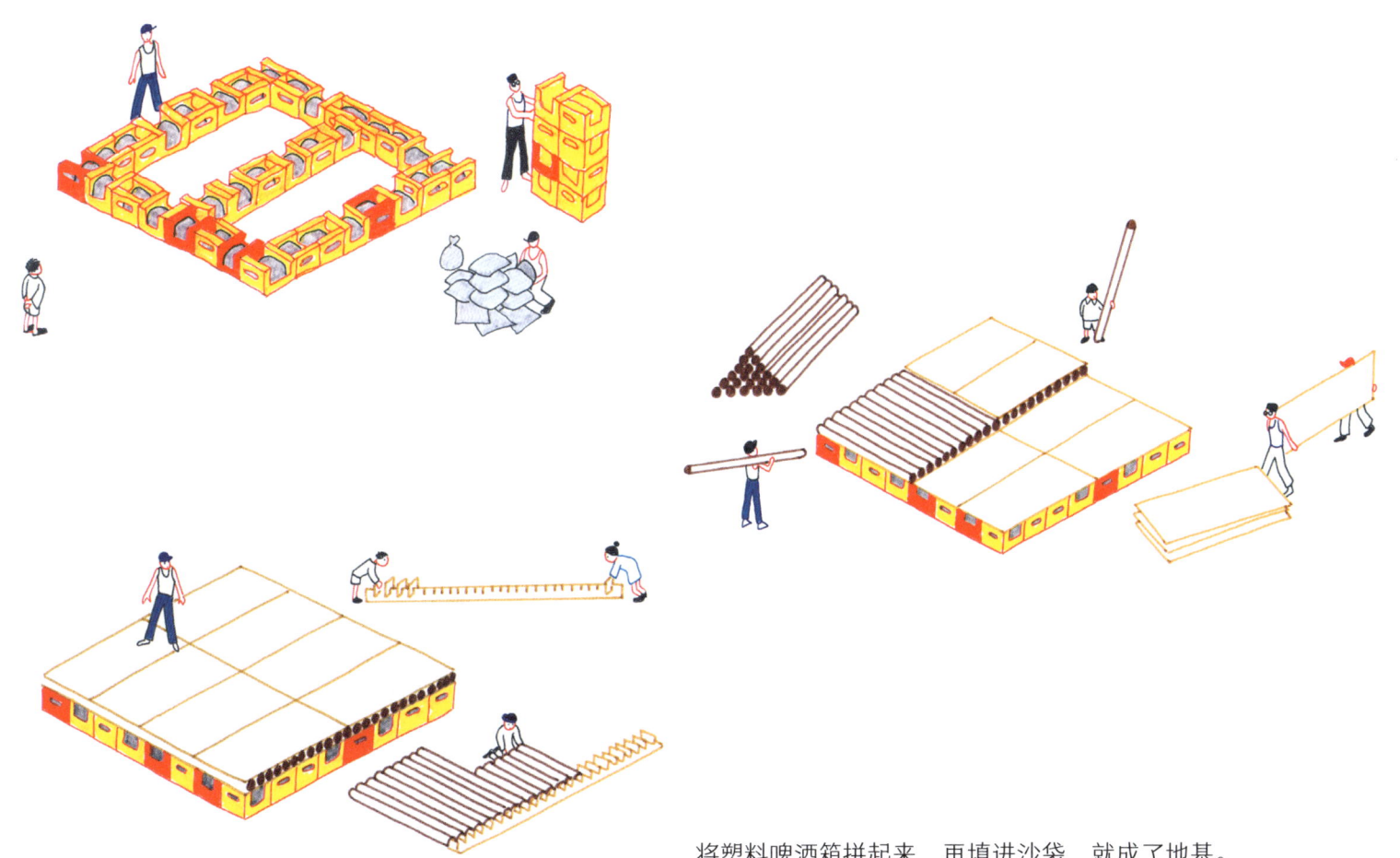

将塑料啤酒箱拼起来，再填进沙袋，就成了地基。

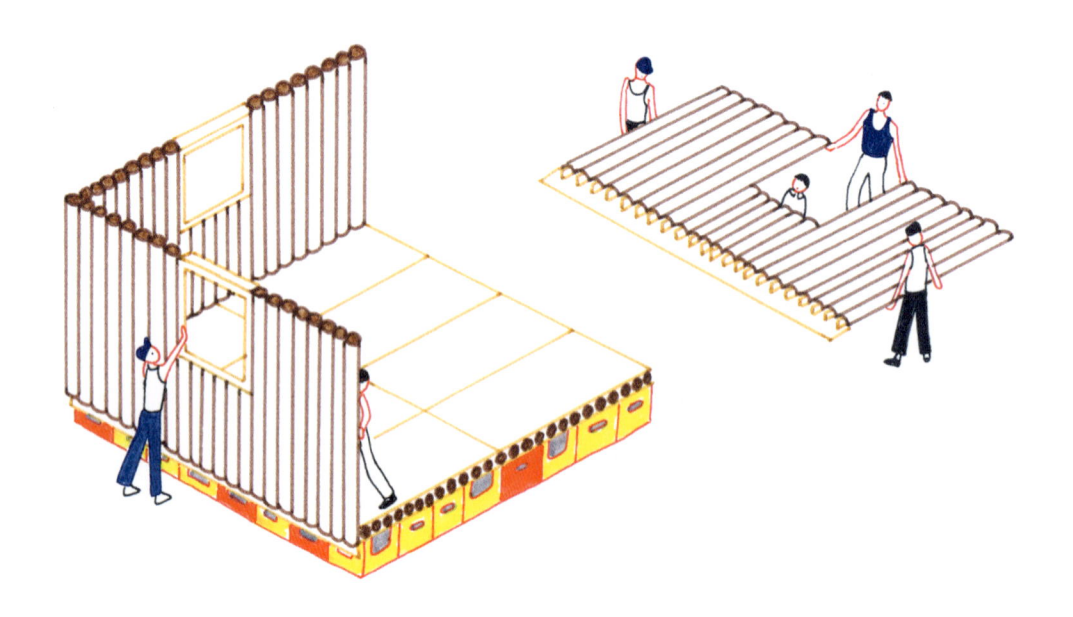

然后，把硬纸管组合成墙壁。

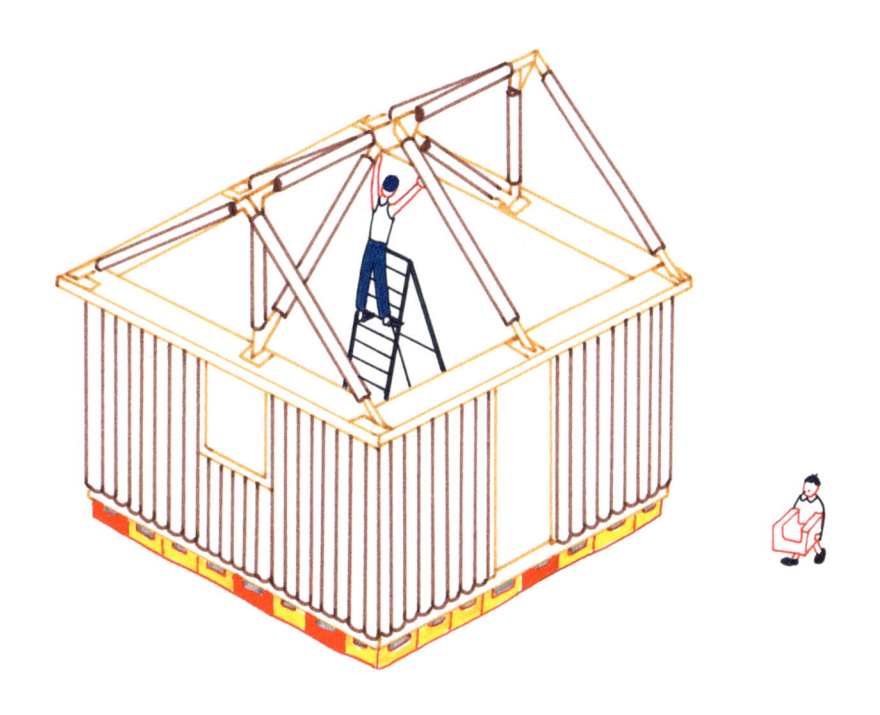

接着，架起硬纸管做的屋架，盖上防水布做屋顶。

一座不可思议的方形纸管屋就这样建好了!

坂茂设计了许多其他纸制的房子,当然也设计了木制的房子。他仿佛有一种魔力,能让平凡的材料变得非凡。

纸管屋，日本，1995年

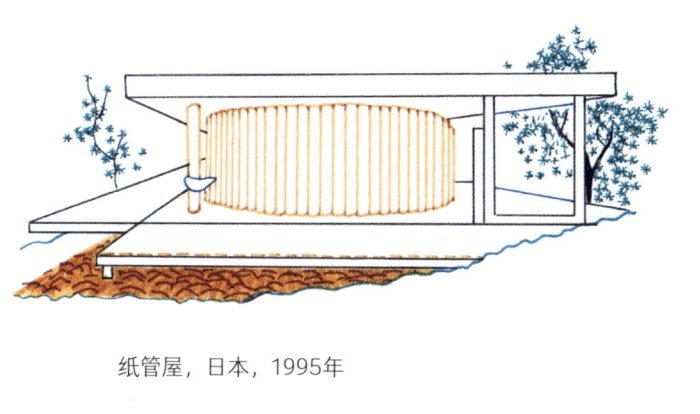

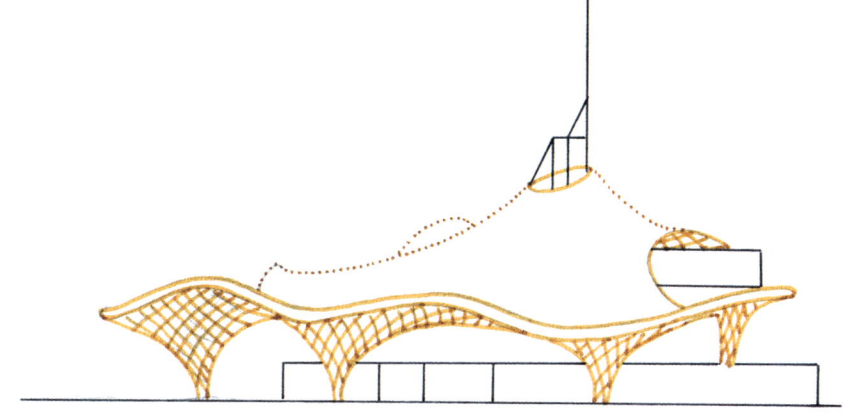

梅斯蓬皮杜中心（坂茂与让·德·加斯汀共同设计），法国，2010年

1998 波尔多住宅

以电梯为中心的房子

雷姆·库哈斯

法国 波尔多

雷姆·库哈斯是一位荷兰建筑师和城市规划师。作为城市规划师,他研究过许多大城市,例如亚洲的河内、首尔、上海,非洲的拉各斯,还有美洲的休斯敦。法国里尔的商业区"欧洲里尔"便是出自他的手笔。

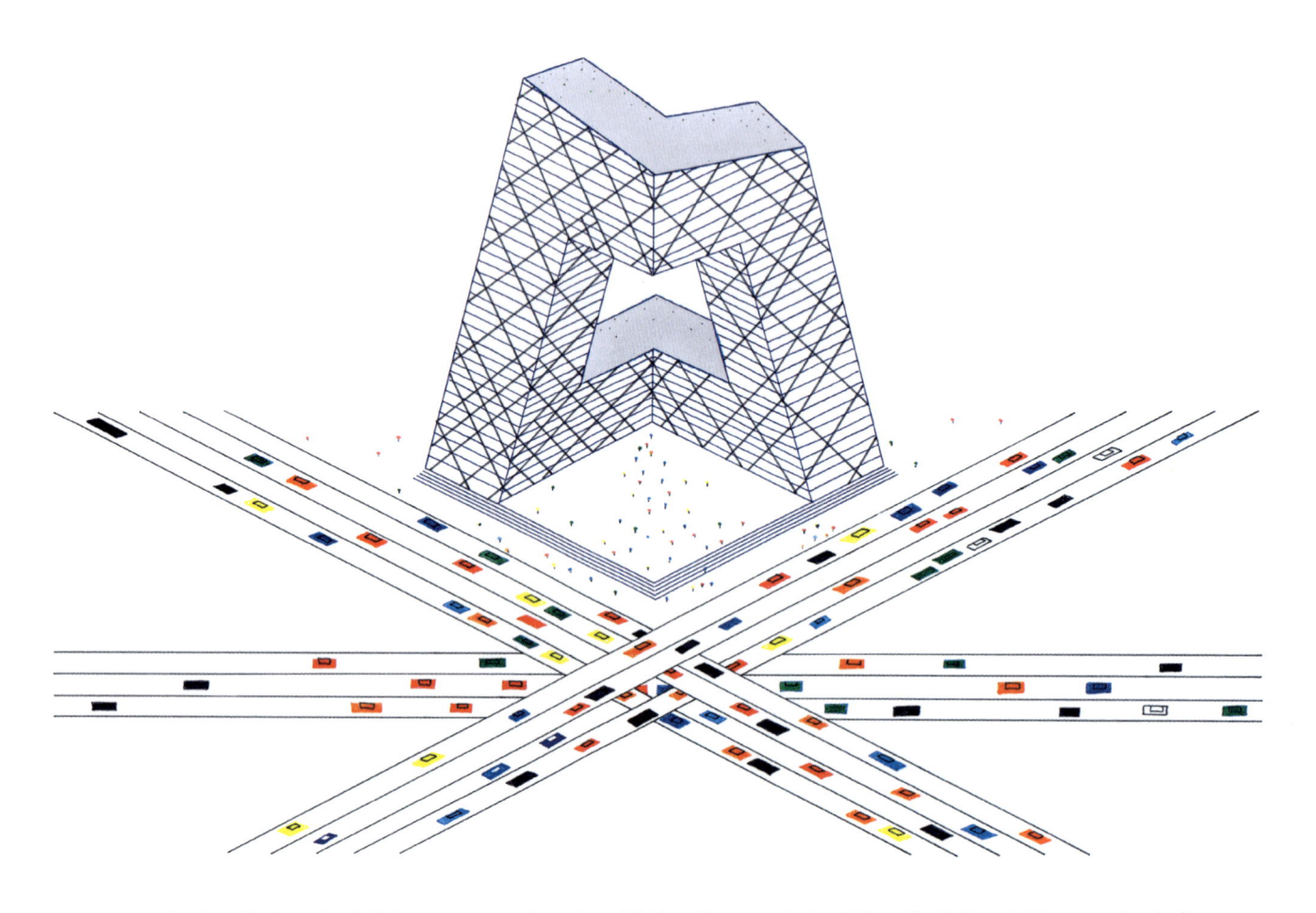

当然，作为一名建筑师，雷姆·库哈斯还设计了许多令人惊叹的宏伟建筑，例如2012年建成的北京中央电视台总部大楼。

库哈斯建造的这栋现代大别墅位于法国波尔多附近的一座公园。请库哈斯设计房子的业主因一场交通事故而半身瘫痪，因此，房子的设计重点就是要方便房主坐着轮椅在家行动。

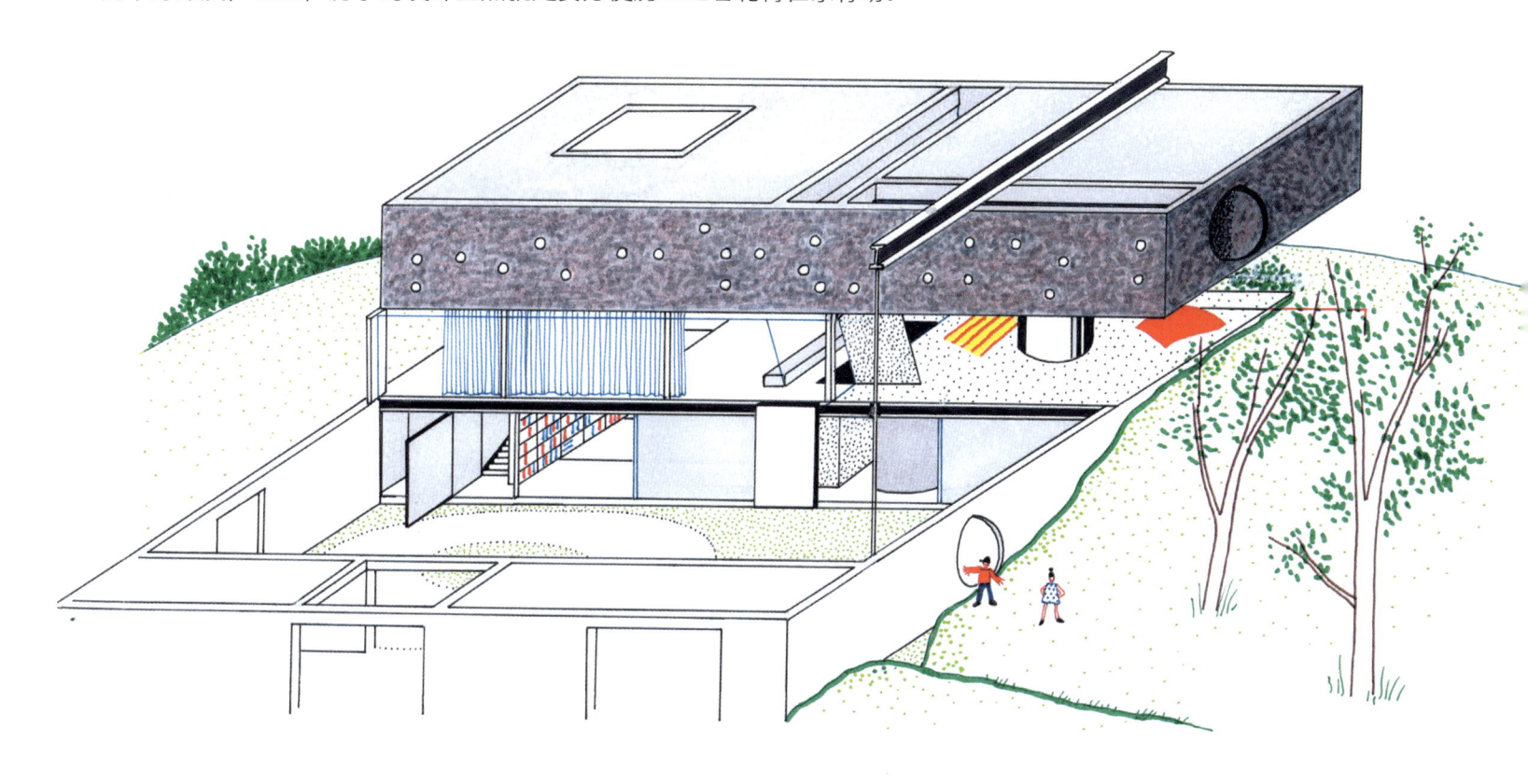

电梯是整栋房子最重要的部分。这部电梯内部的面积很大，长宽都足有3米，就像一间上下穿梭于各个楼层的书房。

房屋每一层的设计各不相同。

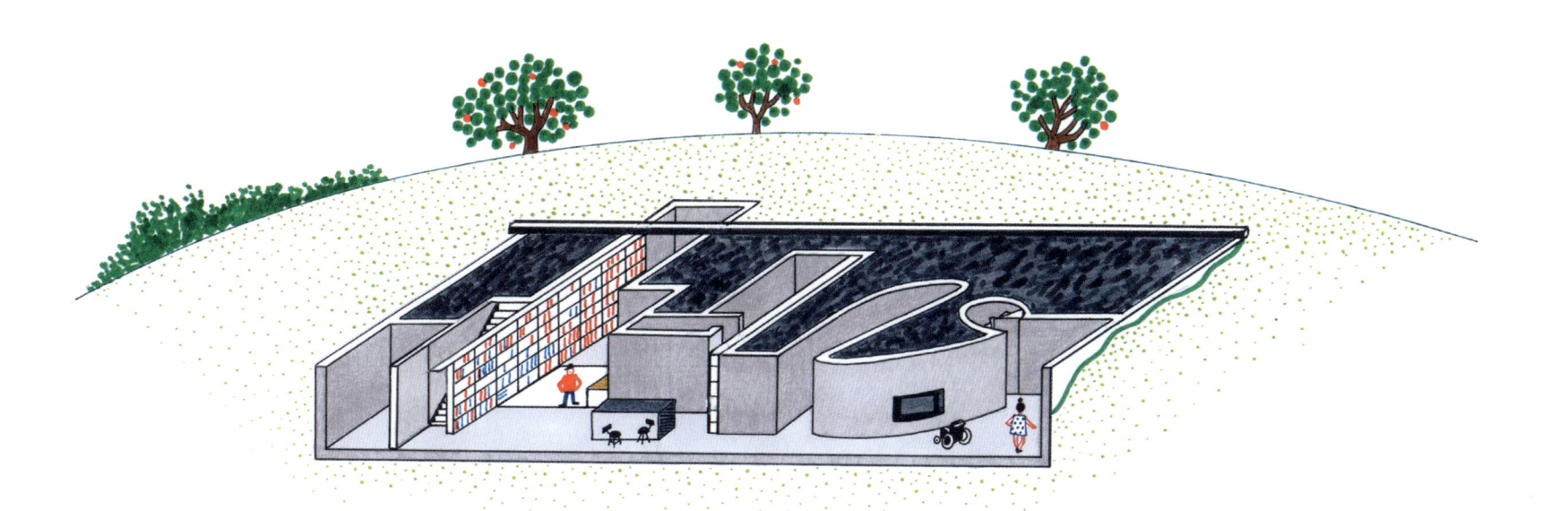

地下室像个山洞,设有家庭影院和一间酒窖。

一楼外墙是透明的玻璃。

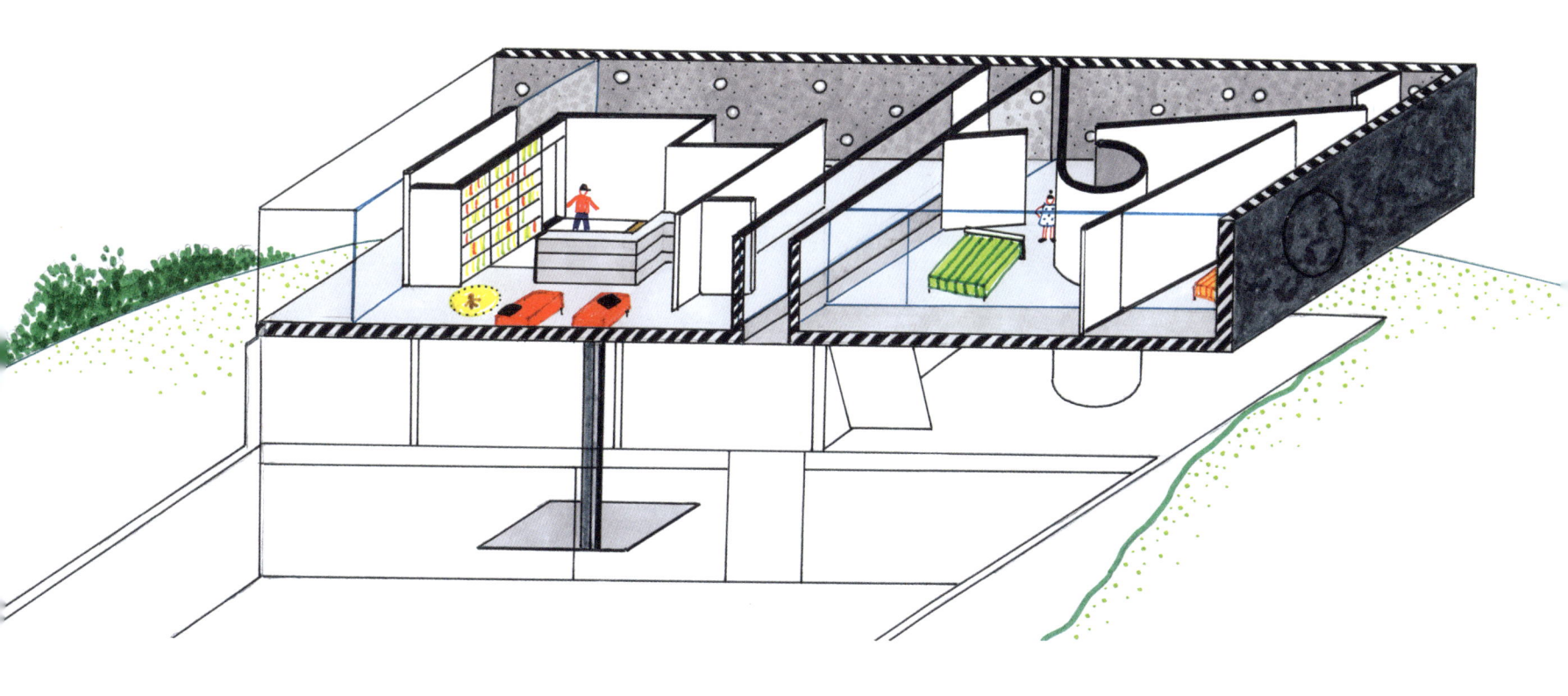

二楼像个大水泥盒子，顶上开了几处天窗，房间的墙上没有常见的窗户，只开了许多舷窗一样的洞洞。

2002 斯特沃恰街环保住宅

稻草建成的房屋

萨拉·维戈拉斯沃斯&杰里米·提尔

英国 伦敦

这两位建筑师花了4年时间在伦敦的北边亲手建造了自己的住宅兼工作室，一切都为与环境和谐共处而设计。这里有片生机勃勃的菜园，甚至还有个鸡舍。

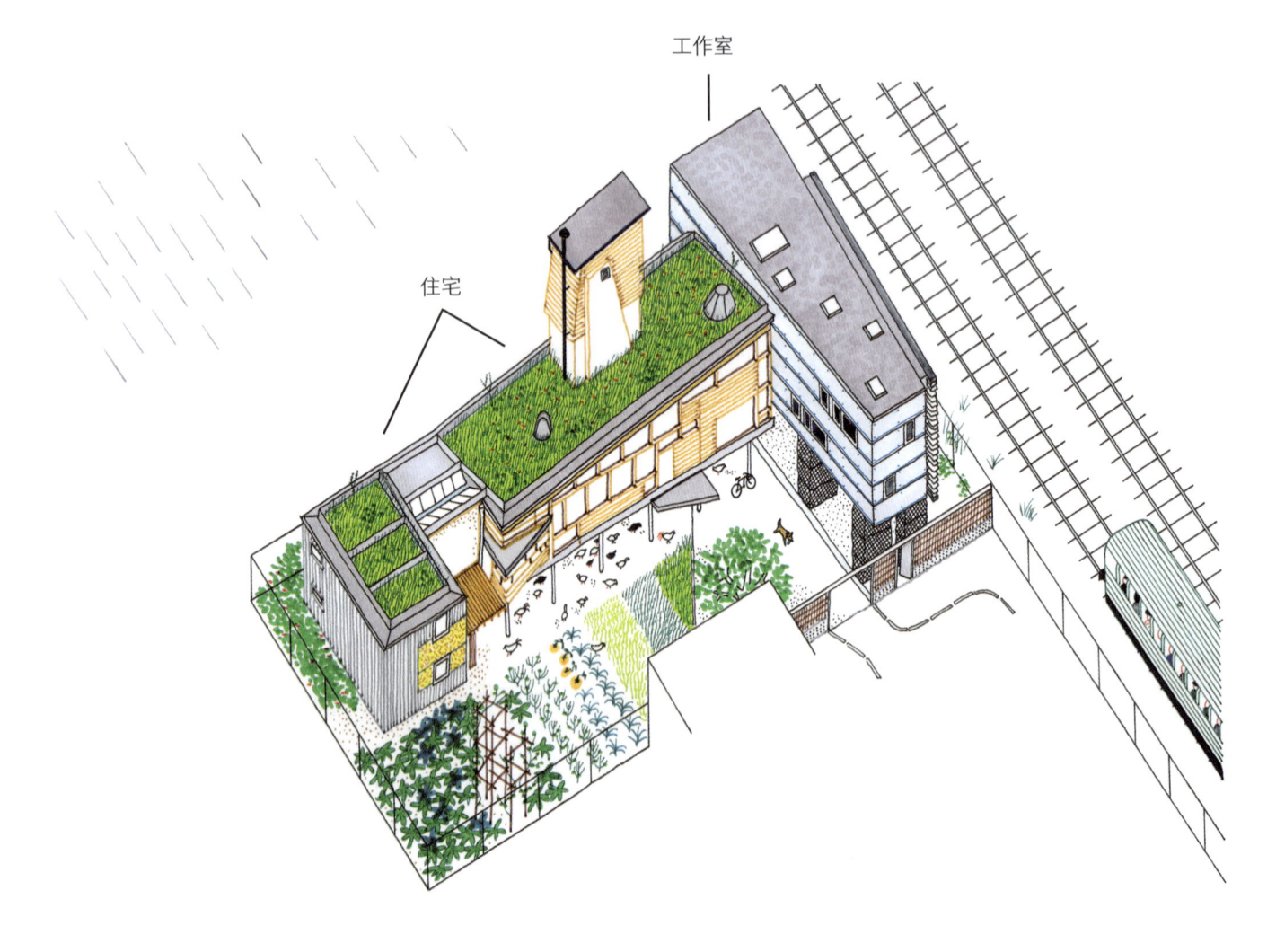

远远看上去，这座大房子就像个农场。工作室所在的楼，正好形成了一道住宅与铁轨之间的隔音墙。

工作室由几根混凝土碎片做成的支柱支撑。建筑外墙穿了一层隔音衣，仿佛盖了床棉被。再加上墙体内层层叠叠的沙袋，隔音效果就更好了。

走近些就会发现，住宅的墙壁竟然是用稻草砌成的，为了加固，稻草外面又包了一层金属板。

住宅　　　　　　　　　　　　　　　　　　　　工作室

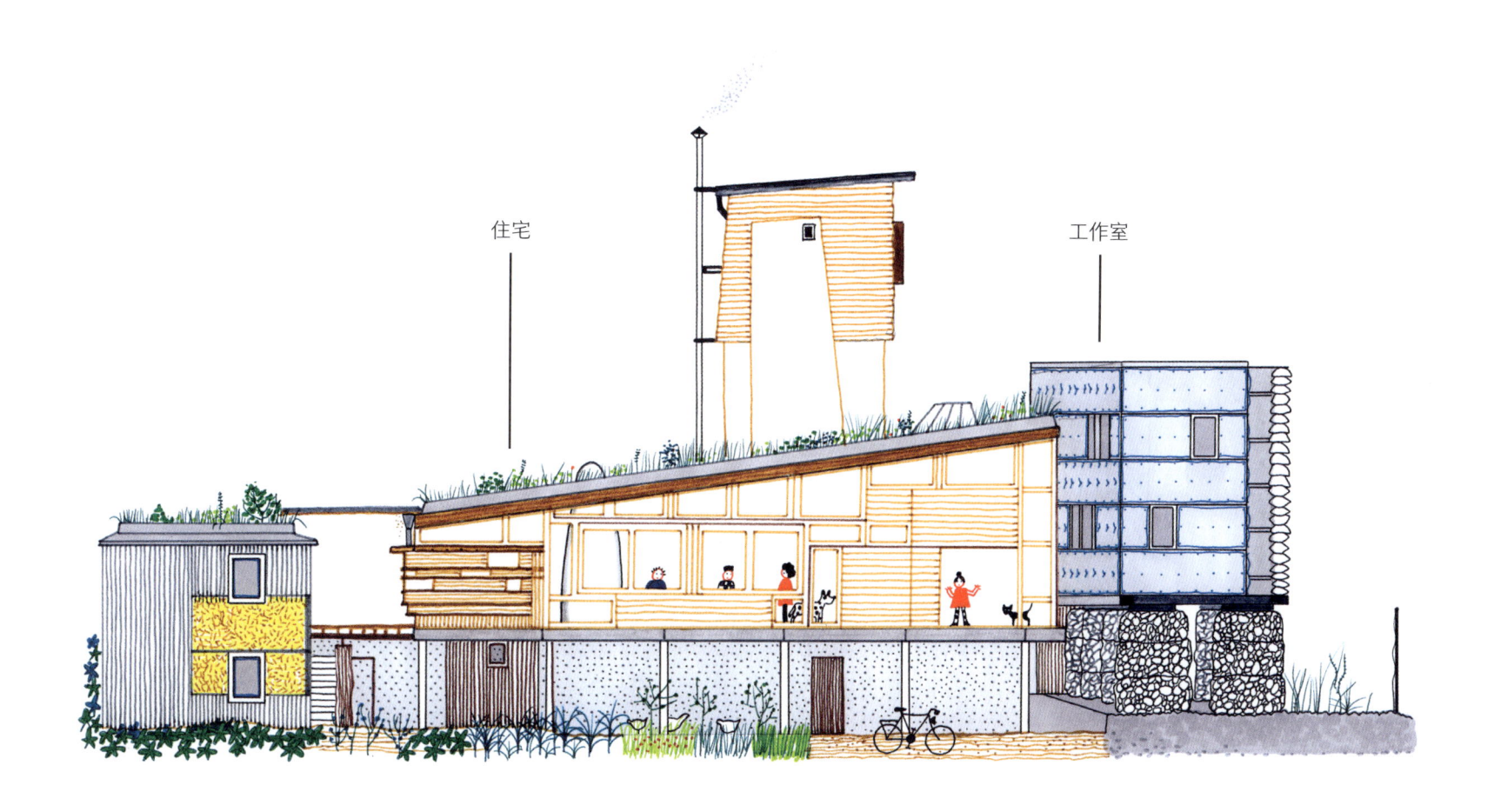

住宅的主体部分是木制的。天气好的时候，灿烂的阳光会从宽大的窗户洒进来，照得整个屋子暖洋洋的。房子里没有冰箱，取而代之的是不插电的食品储藏柜。

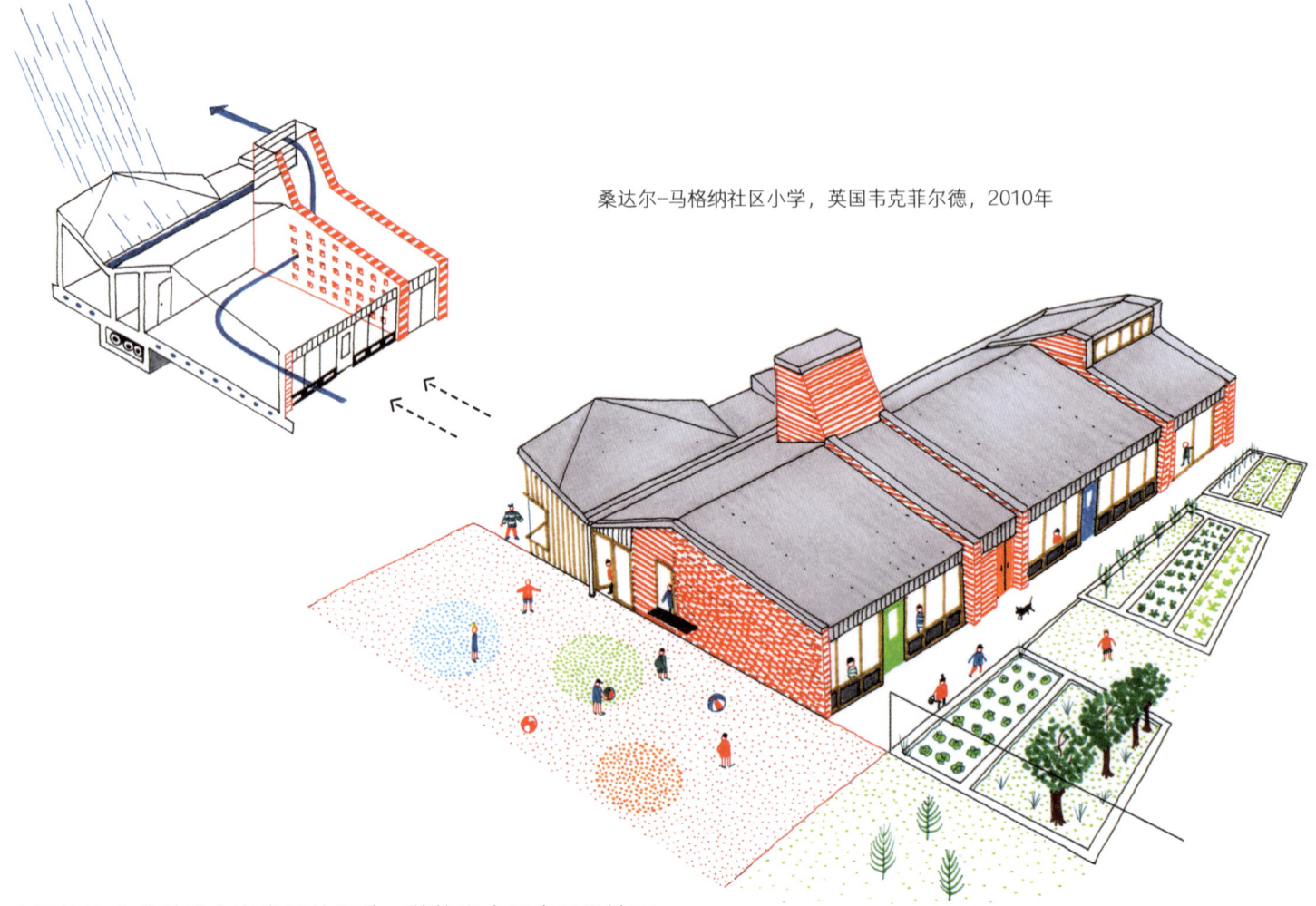

桑达尔-马格纳社区小学，英国韦克菲尔德，2010年

有了这次在伦敦建自家房子的经验，萨拉和杰里米又设计了许多可持续发展的环保房屋。

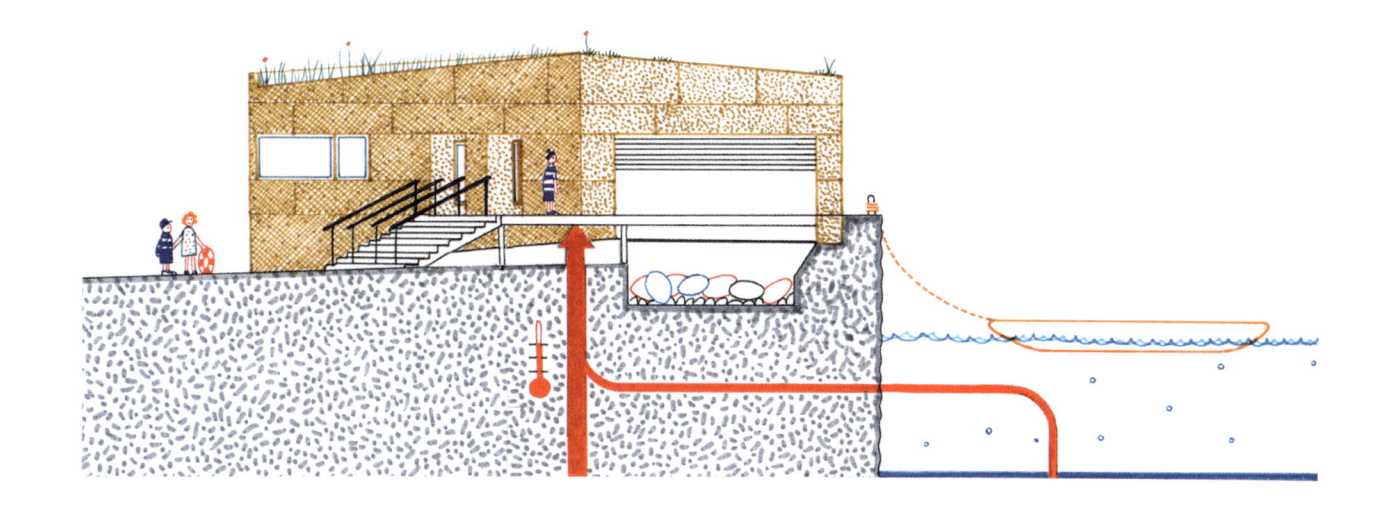

克雷蒙皮划艇中心，英国伦敦，2008年

图书在版编目（CIP）数据

你好，房屋 /（法）迪迪埃·科尔尼耶著；张璐，
卜易译 . -- 上海：上海人民美术出版社，2022.10（2024.6 重印）
（未来建筑家）
ISBN 978-7-5586-2390-5

Ⅰ. ①你… Ⅱ. ①迪… ②张… ③卜… Ⅲ. ①建筑－
世界－儿童读物 Ⅳ. ① TU-49

中国版本图书馆 CIP 数据核字 (2022) 第 157732 号

First published in France under the title
Toutes les maisons sont dans la nature by Didier Cornille
© 2012, hélium / Actes Sud, Paris, France.
Chinese translation arranged with hélium through Ye Zhang Agency
(www.ye-zhang.com)

本书中文简体版权归属于银杏树下（上海）图书有限责任公司
著作权合同登记号图字：09-2022-0577

你好，房屋

著　者：[法] 迪迪埃·科尔尼耶
译　者：张　璐　卜　易
项目统筹：尚　飞
责任编辑：康　华　张琳海
特约编辑：周小舟
装帧设计：墨白空间·Yichen
出版发行：上海人氏美術出版社
　　　　　（上海市号景路 159 弄 A 座 7 楼）
　　　　　邮编：201101　电话：021-53201888
印　　刷：天津裕同印刷有限公司
开　　本：787mmx1092mm　1/16
字　　数：68 千字
印　　张：5.25
版　　次：2022 年 10 月第 1 版
印　　次：2024 年 6 月第 4 次
书　　号：978-7-5586-2390-5
定　　价：68.00 元

读者服务：reader@hinabook.com　188-1142-1266
投稿服务：onebook@hinabook.com　133-6631-2326
直销服务：buy@hinabook.com　133-6657-3072
官方微博：@浪花朵朵童书

后浪出版咨询(北京)有限责任公司 版权所有，侵权必究
投诉信箱：copyright@hinabook.com　fawu@hinabook.com
未经许可，不得以任何方式复制或者抄袭本书部分或全部内容
本书若有印、装质量问题，请与本公司联系调换，电话 010-64072833